ゼロから見直すエネルギー

節電、創エネからスマートグリッドまで

公益社団法人
化学工学会緊急提言委員会 編

松方正彦　古山通久 監修

丸善出版

本書は，日本経済新聞の経済教室で連載された「エネルギーと技術」を書籍用に加筆修正し再編集したものです。

目次

これからのエネルギー供給を支える新技術

災害に強くエネルギーを上手に利用する社会へ

はじめに

新しいエネルギービジョン構築に向けて

2011年3月11日の東日本大震災とそれに続く福島第一原子力発電所事故は、日本のエネルギー政策、エネルギー供給体制についてゼロから考え直すことを迫っている。東京電力と東北電力管内においては電力不足の懸念が生じ、大きな社会不安を与えることになったが、これは高度成長期以降では我が国が経験したことのない深刻なエネルギー供給の危機であった。電力供給力の不足による大規模な停電を回避するため、2011年3月には東京電力管内で「計画停電」が実施されたことは記憶に新しいが、結果として計画停電の実施は経済的・身体的弱者にしわ寄せがいき、生産活動にも大きな支障が出ることを身をもって体験することとなった。

1970年代のオイルショックの際にもエネルギー危機が叫ばれ、そのときには、夜間のネオンサインを消したり、テレビ・ラジオの深夜放送が中止されたりした。これは、第四次中東戦争やイラン革命によってエネルギー源である石油を中東から調達することが難しくなったためであった。つまり、エネルギーを生産するための原料不足が生じたため、夜間のエネルギー使用量を抑制しようとしたのである。これに対して、今般のエネルギー危機は、発電所が被災したり、事故を起こしたりしたことによって、原料供給に不足はないのだが、電力の生産量に大きな制約を生じてしまったことであった。図には、電力消費量のおおよその時間変化を示した。昼間には大きな電力需要が

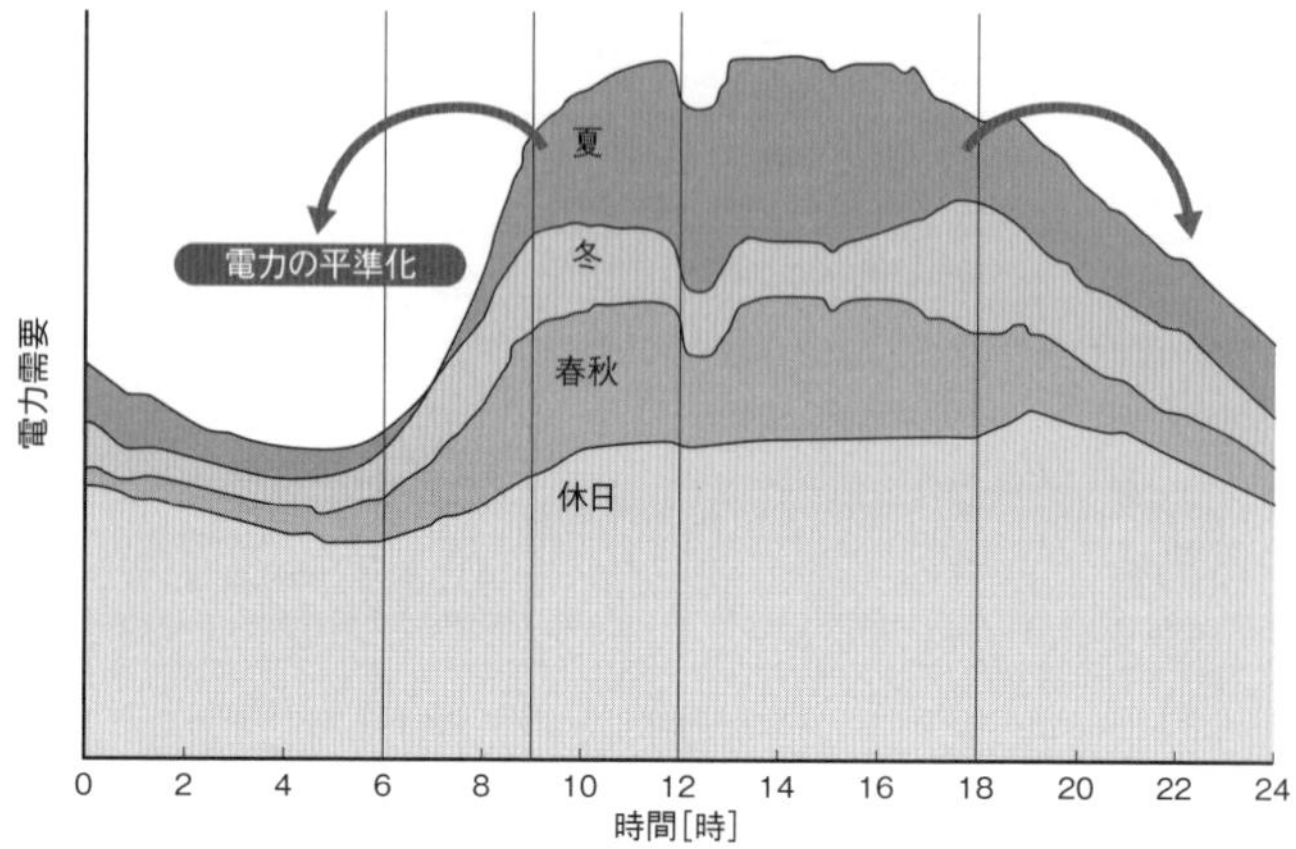

日間需要曲線
［東京電力ホームページ「インターネット電力講座」］

生じるので、この需要を満たすだけの電力が一瞬でも供給できないと、不測の大停電を引き起こすことになる。計画停電は電力需要を強制的に引き下げるために行われたのである。

公益社団法人化学工学会に所属するエネルギー関連の研究者のグループでは、２０１１年夏以降も当分の間電力不足が引き続き懸念されると考えたので、震災直後から集中的に議論し、まずは計画停電を繰り返さないことを第一の目的として対策をとりまとめ、２０１１年３月28日に「震災に伴う東日本エネルギー危機に関する緊急提言」として発表した［注］。同様な提言、調査報告はその後数多く公表されてきたが、この提言の特徴は、「電力供給力不足対策」の項で示すように電力供給力の増強と節電の可能性を定量的に試算し、計画停電回避に向けた具体的な道筋を示したことにある。

現在我が国では、太陽光発電など再生可能エネルギーの導入を柱としたエネルギー基本計画が議論されている。再生可能エネルギーなどの技術上の、また社会システム上の多くの課題を克服する必要があることは勿論のこと、エネルギーのコストは我が国の経済の浮沈に直接的に影響する。石油・石炭・天然ガスといった化石資源からのエネルギー、太陽光・風力などの再生可能エネルギーなど、さまざまなエネルギー供給技術の最適な組合せ（ベストミックス）を冷静に議論する必要がある。このとき、新技術の導入については、どの程度のコストをかけて、どのくらいの量を導入するかを、いつごろまでに達成するかという時間軸を意識しつつ、計画を立てなければならない。

化学工学はもともと石油精製・石油化学の生産プラントを設計するための方法論の学問であるが、公益社団法人化学工学会には、現在では対象を化学プラントに限定せず、化石資源、再生可能エネルギー、環境など広範な分野の研究者・技術者が集まっているので、我が国の将来のエネルギー供給体制の主力となる技術を網羅的に取り上げて検討することができることが特徴である。

２０１２年１月現在、新規に稼働できた原子力発電所はなく、４月にはすべての原子力発電所が停止するような状況にある。電力不足に対する懸念は、関東・東北地方にとどまらず、全国規模に広がった。これを解決する唯一の手段は、さまざまなエネルギー関連の技術を、技術課題、社会システム、二酸化炭素問題などさまざまな視点から総ざらいして、未来のエネルギービジョンを描きつつ、現実的な解答を探すほかはない。

本書では、数多くあるエネルギー関連の技術をできるだけ網羅的に取り上げ、その技術内容と可能性、課題について、できるだけわかりやすい解説を試みたものである。今後、政治・政策、行政、産業振興、復興、環境問題、地球温暖化問題、都市と地方の共生などさまざまなレベルでエネルギーについて活発に議論されることになるだろう。本書が、日本の将来のエネルギーを考えるうえで道案内の役割を果たすことができれば幸いである。

●まとめ

・電力不足は長期に及ぶ可能性がある。
・原因は、原発の停止による発電能力の低下。
・化石エネルギーと再生可能エネルギーなどをベストミックスした未来のエネルギービジョンを描こう。

［注］公益社団法人化学工学会ホームページ（http://www.scej.org/content/view/1202/11/）には、緊急提言全文のほか、提言の内容を、とくに節電のポイントに絞ってやさしく解説したパンフレットも掲載されている。

今日の社会をつくる電力技術

電力の需要と供給をバランスさせる

化学工学会がまとめた2011年夏のための「震災に伴う東日本エネルギー危機に関する緊急提言」では、電力供給力の増強策のほか、電力需要の削減策についてさまざまな検討が行われた。図にはそれらをまとめて示してある。大震災では、震災による相馬共同火力発電所の停止、福島第一原子力発電所の事故による停止などで、東京電力の電力供給力が大幅にダウンした。その結果、震災前は6000万キロワット（kW）を超える供給力があったものが、震災直後には3800万キロワット程度にまで落ち込んでいた。そこで、東京電力管内に絞って、2011年夏に向けて電力需要と電力供給力とを検討し、その結果を比較したのがこの図である。

夏の電力需要を5500万キロワット程度と考え、これに対して、大震災後の状況からの電力供給力の増強（古い火力発電所の再稼働など）と節電（電力需要のカット）などの対策を総動員すれば、ほぼ需要を満たし、夏の計画停電は避けられるとの見通しを示したものである。

古い火力発電所の徹底した活用、太陽電池などの再生可能エネルギーの積極的な導入、防災用自家発電装置の活用など、電力供給力の対策を総動員すると電力供給力を365～390万キロワット増加させることができると予測した。

次に、省エネ型の家電製品への買い替え（とくに、エアコンと冷蔵庫の買い替えが有効）、電灯

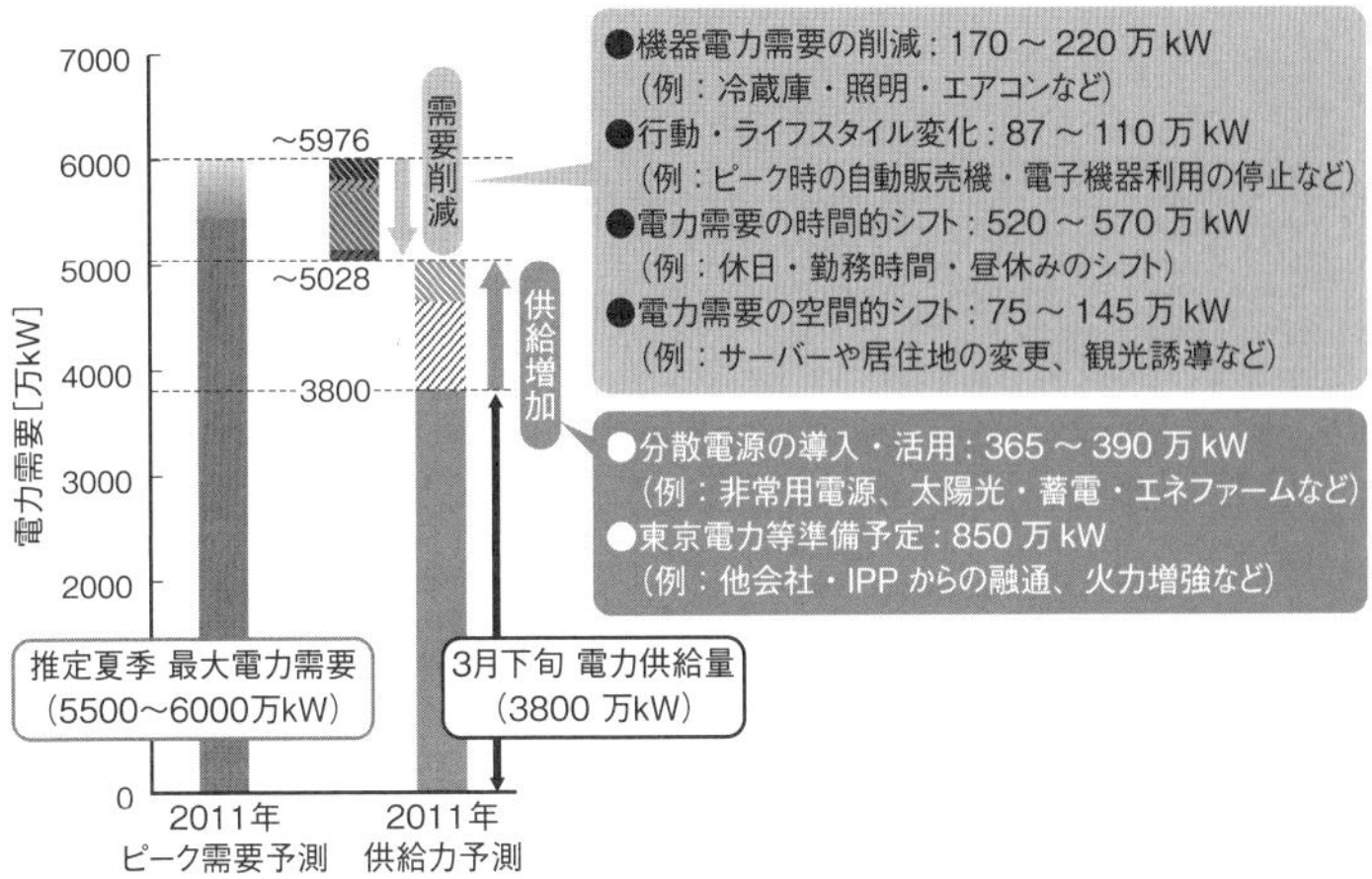

電力供給力の増強策と電力需要の削減策

のＬＥＤ（発光ダイオード）化などの機器による需要の削減により１７０～２２０万キロワット、ＰＣ利用の工夫、待機電力の削減、電車の昼間の間引きなどライフスタイルの変化により87～１１０万キロワット、休日・勤務時間のシフトやサーバー類の移転など電力需要の時間的・空間的シフトにより５９５～７１５万キロワットを見込んだ。これらを合計すると８００～１０００万キロワットの電力需要を削減することができることになる。実際にこれらのうち多くは実際に実行された。休日のシフトなどは、ライフスタイルに大きく影響し、家族の休日がずれてしまうなどといった「痛み」を伴うものであった。その一方、電灯のＬＥＤ化、省エネ家電への買い替えは、出費は伴うものの、日常生活にがまんや痛みを伴うことなく節電でき、自然に電力料金の低下につながる。最新の技術を使った製品の導入によって節電が可能となることが実証されたことは重要である。

3・11の大震災までは、電気はコンセントを差し込みさえすれば、まるで空気のように必ず供給されるもののように考えられていたのではなかろうか。その結果、機器の電力消費量の大きさよりも、利便性の確保が優先していたのではなかったろうか。温水洗浄便座、電気ポットなどがその例である。大震災後学んだことは、電気をつくる量には限界があり、電気を使うことに対して十分に気を配らなければいけないということである。「快適さ」をできるだけ損なうことなく電気使用量を削減するための機器の開発も一層促進しなくてはいけない。

ところで、これらは「はじめに」の項でも述べた昼間の電力需要ピークを削減する目的の対策であり、1日全体の電力需要の削減量についてはおもに省エネ機器の導入による200万キロワット時程度である。総需要の抑制が目的であった石油ショックのときの対策とは目的が異なる。

この夏、結果として社会システムの変化による対策である空間的シフトは、今後の課題として残った。空間的シフトによる電力需要ピークの削減対策としてはサーバー類の移設、居住地の変更、他地域への観光誘導などが有効である。

サーバー類は通信インフラの要であり、大型のデータセンターは東京では湾岸地域に設置されていることが多い。震災対策としても、地震、津波など天災の被害を受けにくい地域への移設が望ましく、移設によって10～30万キロワット程度の削減が見込まれる。サーバーは発熱するので冷却する必要があり、効率から考えて北海道など北方面への移設が有力な選択肢である。

転勤の際に単身ではなく、家族とともに移動することも、電力需要の地域間の平準化に有効である。40人クラス当たり0・5人が転校すると仮定すると、東京電力管内で約50万人の移動、すなわち50万キロワットの削減に相当する。子どもが休みの期間だけでも家族と一緒に住むことも、夏季、冬季の需要削減に寄与する。

今後、我が国は都市集中型の社会から分散型社会へと、すなわち地域共生型の社会に舵を切ることになると思われるが、空間シフトによる電力不足対策はこの政策目標にも合致するので今後とも積極的に進めることが望ましい。

●まとめ

・3・11の前は電気が空気のように供給される生活。3・11以降は電気の使用に気を配る生活。
・電力消費の時間的・空間的シフトはピーク需要を下げる有効な対策。
・省エネ機器の開発も重要。新しい技術の開発で無理のない節電を。

火力発電

原子力に比べれば安全だが、CO_2排出増が問題

産業界は24時間、途絶えることのない電力を前提に高品質なものづくりを実現している。高い品質を維持するためには、クリーンルームなどの清浄空間、温度や湿度の高精度な制御空間が必要不可欠であり、これらはすべて電力に依存している。したがって、経済復興には、従来通りの安定した電源を確保することがきわめて重要である。こうした基礎的な電力需要（ベースロードと呼ばれる）を下支えしているのは、これまでは原子力発電、水力発電のうち自然水流による流れ込み式のもの、大規模な石炭火力などであった。その上に、季節や曜日による需要変動（ベースに対してミドルロードと呼ばれる）があり、おもに液化天然ガス（ＬＮＧ）や石油を使う火力発電で供給してきた。原子力発電の再稼働が不透明な現在では、当面はこれらの火力発電にベースロードの一部を担う役割も求められている。２０１１年3月11日からわずか4カ月足らずで、電力会社、重電メーカー、エンジニアリング会社などが、まさに不眠不休の対応で被災した太平洋沿岸の火力発電所を驚異的な速度でことごとく復旧させた。火力発電所の再稼働は、２０１１年の夏を乗り切るだけでなく、その後も安定な電力ありきで操業計画を立てる産業界にとって非常に大きな意味をもった。

火力発電を停止させるには、火さえ止めれば十分で、原子炉のように長期間冷却し続ける必要もない。もちろん、放射性物質による広域な環境汚染につながる事故も起きない。しかし、稼働させ

た分だけ燃料費がかさみ、二酸化炭素（CO_2）を膨大に排出することが最大の欠点である。震災があったからといって、CO_2の排出削減が国際的に減免されるわけでもなく、復興期間であってもおそらく地球温暖化問題に対する対応が迫られる。

火力発電は1機ごとに使用する燃料が決まっており、認可されている最大出力（設備容量）以下で運転し、決められた期間ごとに適正な点検保守が義務付けられている。２００９年時点の数値では、石炭を使うものは火力発電の設備全体の26％（発電量で40％）を占める。原油や精製後の重質油（これらを総じて石油火力と呼ぶ）を使うものは同31％（同10％）、天然ガスは同41％（同47％）などである。これらの燃料はすべて輸入に頼っている。

このうち、発電効率がもっとも高いガスタービンと蒸気タービンを組み合せた「コンバインドサイクル発電」で利用可能な燃料は天然ガスのみであり、CO_2排出係数（通常、1キロワット（kW）時当たりの発電で排出されるCO_2をキログラム単位で表すことが多い）がもっとも低い。天然ガスは採掘されたところで液化したLNGとして輸入・備蓄されるが、発電時には再度気化させてガスタービンに用いている。このほかの燃料（天然ガスも一部含む）は、すべてボイラで燃焼させ、その熱で発生させた蒸気でタービンを回す「汽力発電」でのみ用いられる。石油ショックを機に、日本では国際エネルギー機関が「石油火力をベースロードで用いないように」とした勧告を順守してきたため、石油を使う火力発電は１９８０年以前の古い設備がほとんどである。CO_2排出係数は、燃焼させたときの発熱量当たりのCO_2発生量と、その熱を使う熱機関・発電機の効率

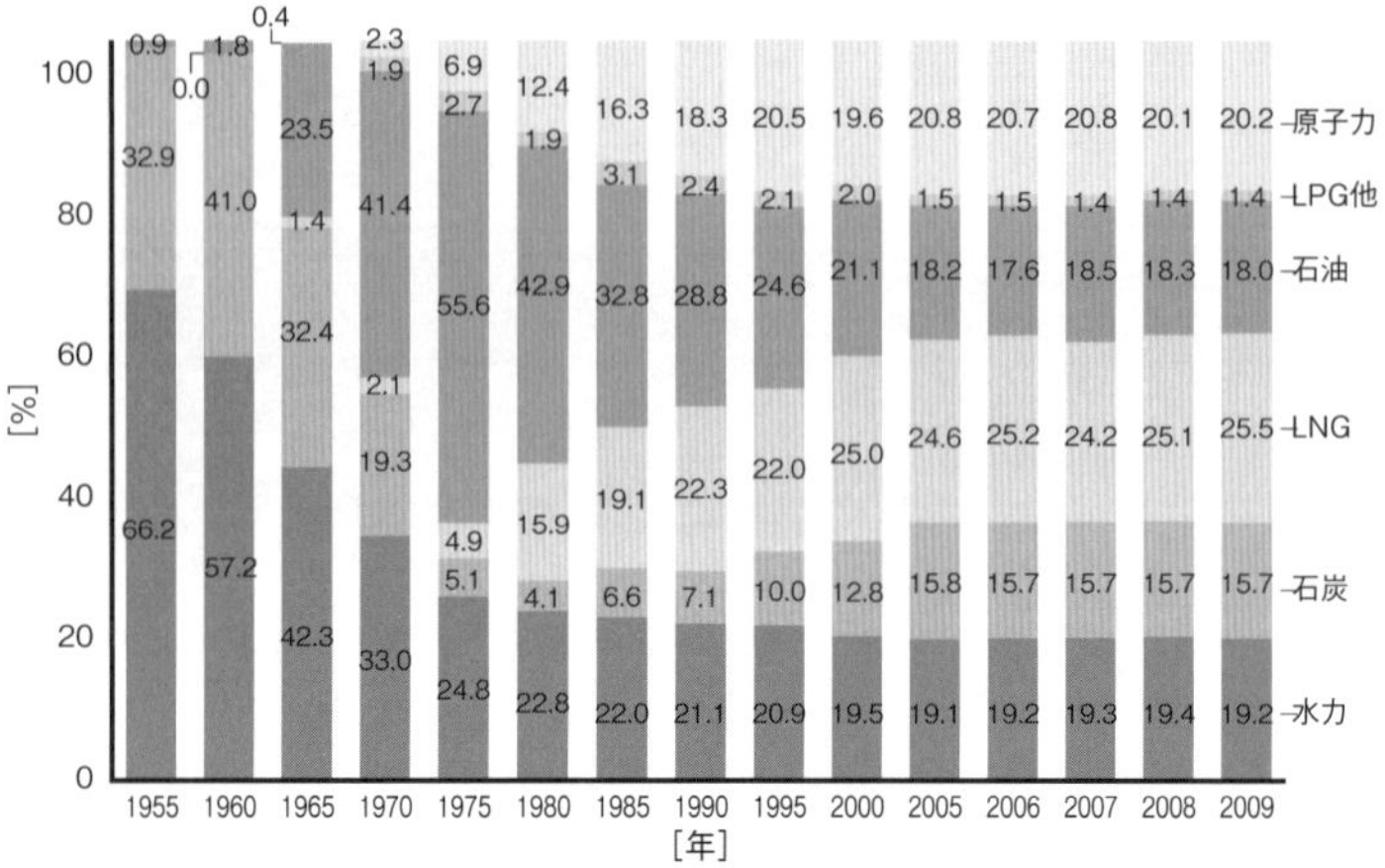

電源別の発電設備構成比

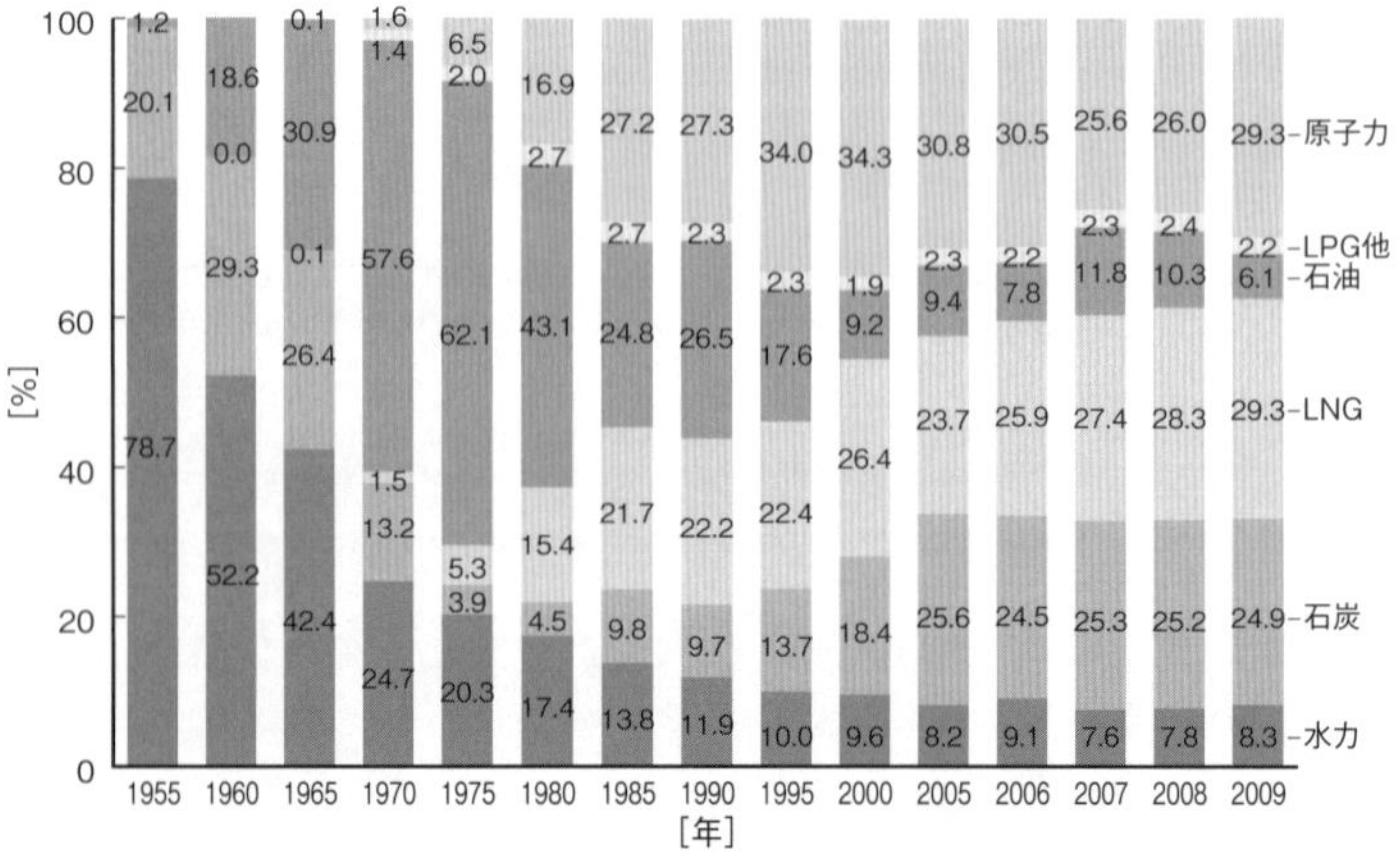

電源別の発電電力量構成比

（注）全国 10 電力の合計。70 年までは沖縄電力を除く。

［電気事業連合会の資料を基に作成］

とで決まるが、更新されない石油火力は天然ガスに比べていずれも不利である。

電力会社は、前年相当日（前年の同月・同週・同曜日に該当する日）の電力需要実績に加え、経済活動の動向や天気予報などを基に電力需要の予測を立て、それに数％程度の余裕をもたせて供給力を準備する。そして基本的に、燃料費や保守費用などの発電コストが最小になるように、点検保守による運転停止期間を考慮しながら発電機ごとに計画して運用している。継続した節電努力はもちろんであるが、それでも不足するベースロードに対しては、原子力発電が再稼働しない限り火力発電で賄うことになるので、CO_2排出量は増える。さらに、夏季や冬季の電力需要のピーク時には、効率のよいコンバインドサイクル発電だけでは賄いきれないので、老朽化した石油火力発電や仮設置したガスタービンなどの稼働率を高めざるを得ない。発電効率の低い機材を運用することになるため、CO_2排出量がまた増える。これらの「二重苦」で、CO_2排出量は震災前に比べてすでに10％程度増加している。また、燃料費もかさむ一方であるが、その増加分はやがて企業や消費者が負担することになり、企業経営や家計を圧迫する。

●まとめ

- ・火力発電の燃料費の増大により、企業経営や家計が圧迫される可能性。
- ・CO_2排出増による環境問題が増大。
- ・効率的な火力発電所の運用が課題。

火力の発電効率

タービンの高温化が燃料費を下げるキー技術

火力発電が主体となる電力で、膨れあがる燃料費と二酸化炭素（CO_2）排出量を抑えるには、さらなる省エネ技術の導入が必要だ。同時に継続的な節電努力で電力需要を下げ、妥当な供給力との新たなバランスを探ることになる。正確な余寿命評価と保守点検技術の進展により、火力発電の機器耐用年数は運転開始から30年から40年程度まで伸びてきた。設備償却の済んだ火力発電は、コスト面でのメリットが大きいが、最新鋭の火力発電に比べると発電効率の面で劣る。CO_2排出量を抑えつつ、復興期に経済停滞を招かないためにも、発電効率の良い火力発電システムへの更新を順次進めるべきである。燃料別にみるとCO_2排出係数の小さい天然ガスへの依存度を上げざるを得ない。調達リスクを分散する観点から、石炭や余剰重質油などをバランスよく混ぜる必要がある。

火力発電は、燃料に含まれているエネルギー（発熱量）を燃焼熱として取り出して電力に変換している。燃焼ガス温度を高めれば発電効率が向上することから、技術の方向性は必然的に高温化に向かう。この分野の国産技術の前途は比較的明るい。

たとえば、天然ガスを燃料に使い、ガスタービンと蒸気タービンを組み合せた「コンバインドサイクル発電」では、ガスタービンの入口温度を上げることになる。発電事業用のガスタービ

火力の発電効率　タービンの高温化が燃料費を下げるキー技術

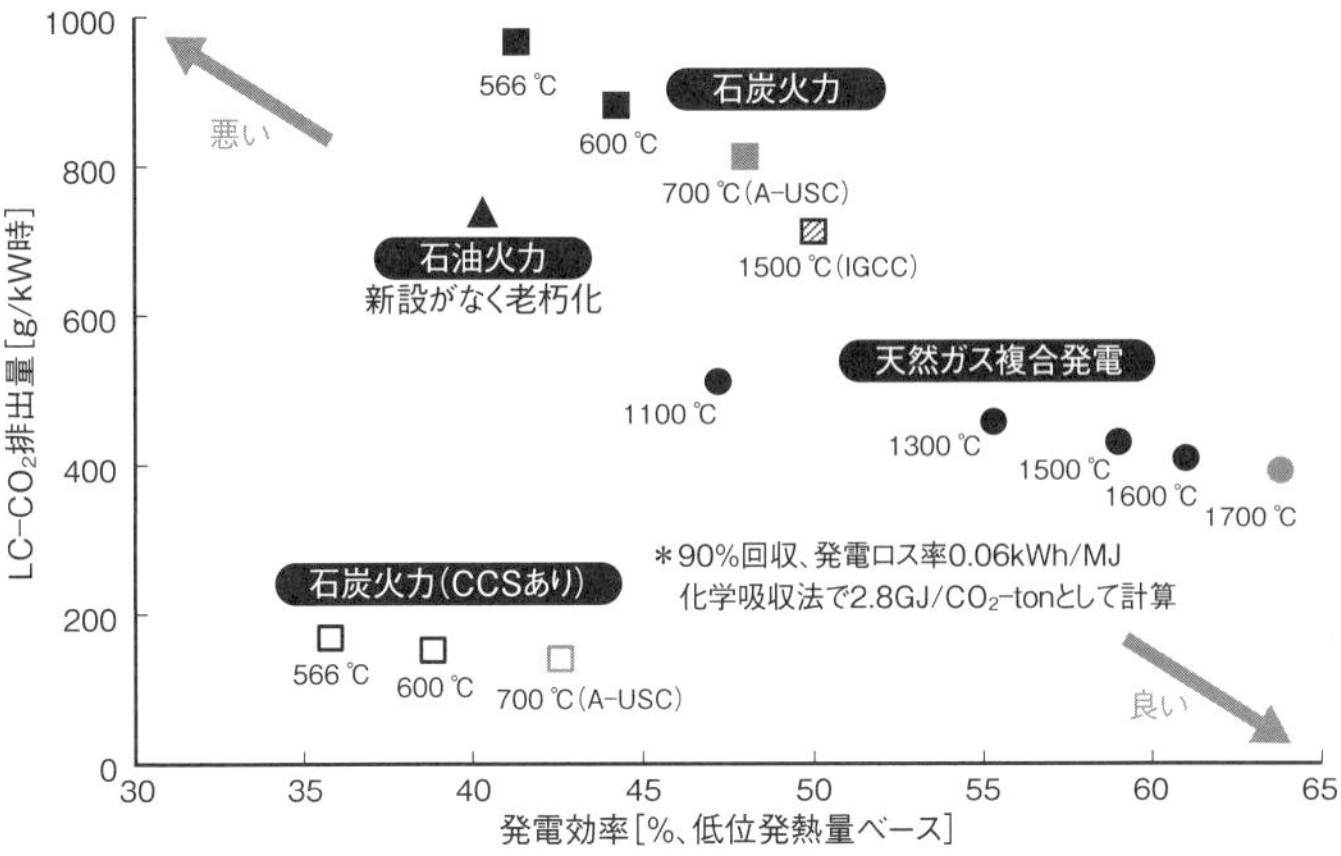

火力発電の発電効率と CO_2 排出量

LC-CO_2（ライフサイクル CO_2）排出量：発電所の建設から廃棄に至るまでの CO_2 の排出量。原子力は 20 g/kW 時。

［電力中央研究所報告 Y09027、RITE 平成 18 年報告書を参考に作成］

ンは日欧米間で開発競争が盛んである。1350℃、1500℃とガスタービン入口温度を高温化することで、発電効率も55%、58%以上と向上させてきた。

　2011年現在では、1機当たりの発電量が50万キロワット（kW）クラスのコンバインドサイクル発電設備において、同温度がセ氏1600度、発電効率で60%以上という世界最高水準の技術を国産で確立している。1600度は金属も溶けてしまう温度であるが、金属製であるタービン翼の遮熱技術の進化によって高温化のハードルを越えてきた。おもに、サーマルバリアコーティングと呼ばれるセラミックスの薄い遮熱層や、蒸気や空気の薄い膜でタービン翼を包み込んで保護するフィルム冷却と呼ばれる技術である。遠心力のかかる動翼には、結晶の方向を揃えたり、単結晶化するなどの高度な材料開発も貢献している。ガスタービンの高温化は2000℃程度が上限とされるが、1600℃からさらに温度を上げても効率は対数的な増加に留まるので、費用対効果は薄れていく。

一方、ベースロードを担う1機当たり100万キロワットクラスの石炭火力発電は、熱効率のよい「再熱再生サイクル」の蒸気タービンシステムを用いる。タービンを動かした蒸気は真空状態で海水によって冷やされて水になり、ポンプとボイラで加圧・加熱されて高温高圧の蒸気になって再びタービンを動かすので、外には出ない。このとき、タービンを動かす蒸気の温度や圧力が高いほど発電効率が上がることから、技術の方向性はガスタービンと同じく高温（高圧）化である。水は220気圧、374℃以上になると、液体と気体の区別がなくなる「超臨界」の状態になる。もっとも厳しい高圧タービンの作動する蒸気条件はすべてこの超臨界以上であり、「超々臨界圧」などと呼ばれている。超々臨界圧蒸気の圧力は240気圧、300気圧以上と高圧化して、温度は、538℃、566℃、600℃以上と高温化してきており、まさに世界トップクラスの技術を誇る。

さらなる高効率化を目指す次世代の研究開発は、欧米にやや後塵を拝していたものの、A-USC（アドバンスドユーエスシー）と呼ばれる発電技術において発電効率で48%以上の効率を目標にし、700℃以上の厳しい蒸気条件に耐える要素技術を開発中である。ガスタービンと異なり、700℃で金属が溶けることはないが、高温にさらされると強度が著しく低下する。タービンの高温化は、材料開発が中心的な役割を担う。コストは高くなるが、ニッケルをベースにクロムなどを適量用いた合金を開発中で、厳しい環境下で10万時間もの長い時間、材料としての信頼性を確保するための努力がまさにオールジャパンでなされている。なお、これ以外にも、石炭を水素と一酸化炭素を主成分とした気体燃料に変え、これまで天然ガスでしか運転できなかったコンバインドサイクル発電を石炭で実現する「石炭ガス化複合発電」も実証試験中である。

それでも火力発電が稼働される限り、CO_2は出続ける。CO_2自体には毒はないが、大量に大気に放出されることで地球温暖化を引き起こすとされる。そこで、石炭火力発電などの排気ガスに大量の含まれるCO_2を、アミンと呼ばれる特殊な溶液を使って分離・回収して、地中に貯留する技術（ＣＣＳ＝Carbon Capture and Storage）も開発中である。ＣＣＳを適用すると、コストの増加に加えて、せっかく発電した電力を消費することになるので、その損失をできるだけ少なくすることが当面の課題である。豪州や欧米では、ＣＣＳの大規模な実証試験が始まっている。集めたCO_2を地盤の安定したところで貯留するのは、常時監視すれば問題ないとされる。一方で、地震大国である我が国の地下に貯留することに対し、社会的な合意を得るのは容易でない。

●まとめ

・ガスタービンは１６００℃級へ、遮熱技術の進化で高効率化が可能。
・蒸気タービンは７００℃級へ、超々臨界圧で高効率化が可能。
・CO_2を大気放出しないＣＣＳは社会的合意が必要。

水力発電

残る開発候補地はコストが割高

火力発電以外に、電力供給の基礎的な役割を担えそうな事業用の発電として水力発電がある。純国産の再生可能エネルギーの一つであり、運転時に二酸化炭素（CO_2）を排出しないのが利点だ。水資源に恵まれた日本で水力発電の歴史は古く、国産の技術力も高い。水力発電には、自流式、調整池式、貯水池式、揚水式などがある。このうち、原子力発電の代替としてベースロードを担えるのは、川などの水をそのまま発電所に引き込む自流式である。水力発電は、起動や出力変化の速度が火力に比べて格段に速いので、その瞬発力を活かして短期的な調整用に調整池式、貯水池式が使われる。揚水式は、需要の少ない時間に火力や原子力などで発電した電力で水をくみ上げておき、必要なときのみ発電するもので、ベースロードにはなり得ない。しかし、大容量の自流式に適した好立地は、ほぼ開発し尽くしてしまった。

水力発電は発電コストに占める初期の建設費の割合が非常に高い。総合エネルギー調査会によれば、1キロワット（kW）あたり平均で約73万円ほどかかるとされる。これは原子力発電の約3倍であり、100億円で1万5千キロワットの出力である。一方で、ほとんどの水力発電は無人運転されており、火力と違って燃料費がかからないことから、運転費用は安価である。初期の建設費を売電（キロワット時の単位）で償還していくことになるので、時間の経過とともに発電原価が下がっ

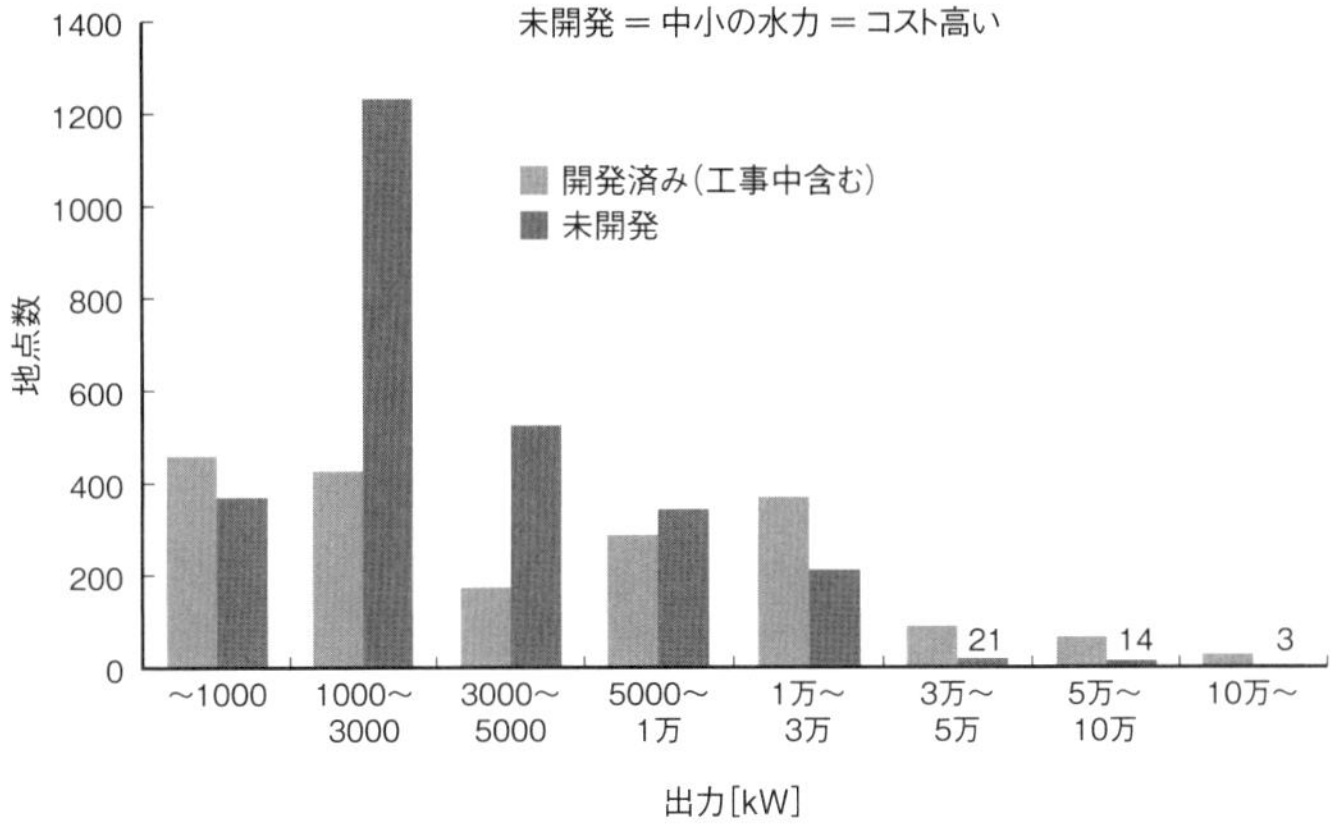

水力発電の電力別地点数
未開発地点は建設単価が高くなる中小規模の水力資源に多い。
［資源エネルギー庁の資料を基に作成（2007年3月末時点）］

ていく。発電原価はやがて採算ラインを下回るので、その後の利益を積み立てておいて、設備更新に充当するように計画されている。したがって、水力発電にとっては、数十年という非常に長い時間、安定的に発電し続けることが必要不可欠となる。一般に水力発電の法定耐用年数はダムや水路などの土木構造物が57年、機械装置は22年である。水力発電所の半数が運用開始から60年を超えているが、適切なメンテナンスをすれば80年程度まで寿命をさらに伸ばすことも可能である。一方で、ダム貯水池には運転開始から土砂が流入して堆積するため、流域の住民に配慮しながら大規模な土木工事によって排出しなければならない。導水管や水車タービンなど老朽化した設備を保守・更新し、供給力を維持することも必要だ。

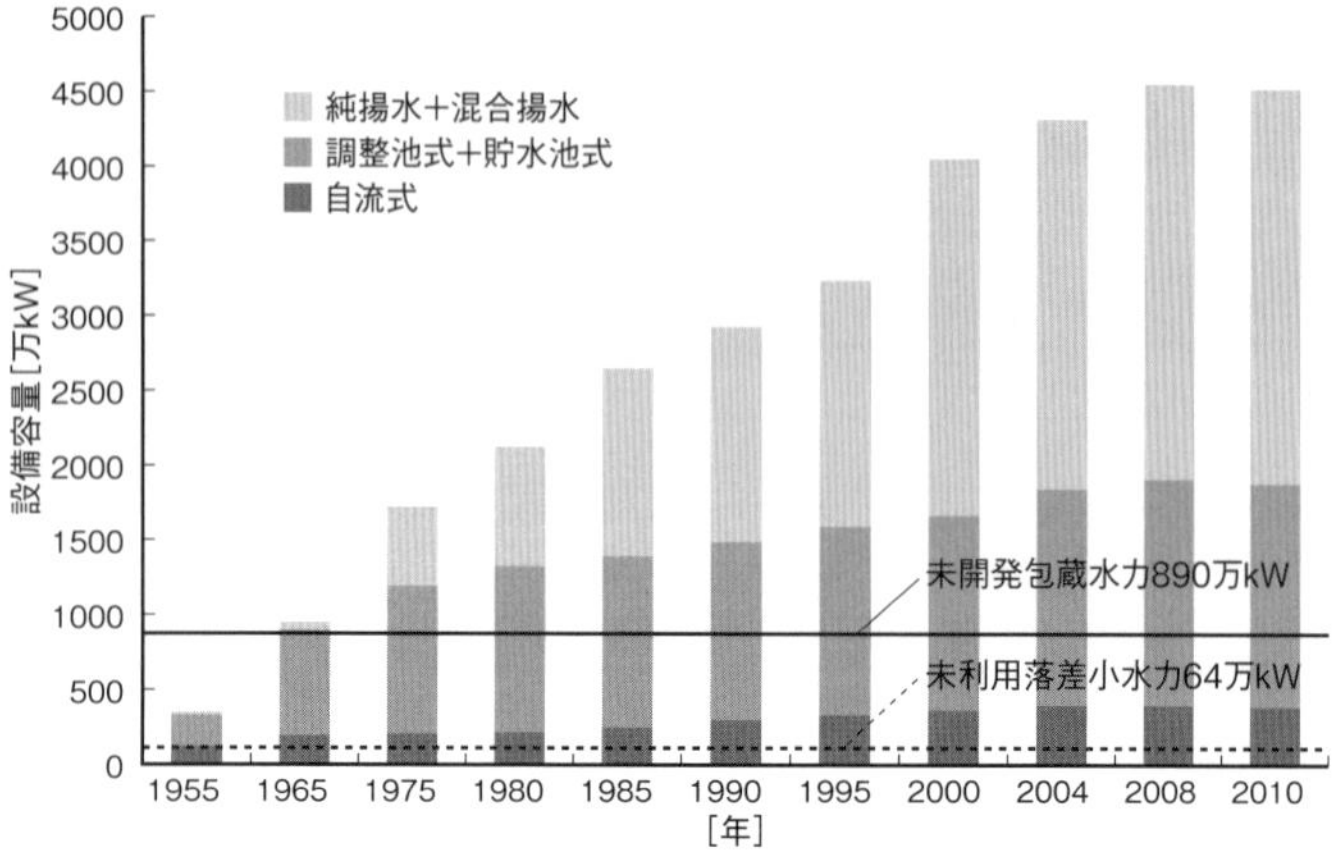

水力発電の設備容量の推移

原子力代替の自流式は近年ほとんど増えておらず、水力のさらなる寄与は限定的である。

今後、開発可能な発電水力資源（包蔵水力）は２７００カ所余りで、発電量に換算すると１２００万キロワット程度ある（２００７年、資源エネルギー庁調べ）。都道府県では、流域面積の大きい河川を有する岐阜、富山、長野、新潟の順に多い。このうち、自流式は２５００カ所余り、発電量では８９０万キロワットであり、これは単純に１００万キロワットの原発約９基分に相当する。しかし、１カ所あたりにすると、平均で約３５００キロワットと中小規模になってしまう。中小規模では１キロワット当たりの建設単価が約１・５倍程度と割高になる。電気事業制度の改革とともに、電気料金も引き下げられてきたこともあって、投資回収期間がさらに長くなることが懸念される。また、ダムなどの公共工事に対する批判が高まるなか、環境影響評価（アセスメント）や立地地域の合意などに多大な労力と長い年月がかかる。今の政治決断の速度を考えると中長期の検討対象にしかならない。

前記に含まれない中小規模の包蔵水力も１６００カ所余りで64万キロワット分あり、このうち、８割が未開発である（２００９年、新エネルギー財団調べ）。これは治水・砂防目的の既設ダムや堤防、農業・工業・上水道などの水路などに存在する「未利用落差」を調べたものである。都道府県では、北海道が突出して多く、次いで富山、長野に多い。規模は、ダム式の場合１０００キロワット以上のものが多いが、水路式のものは50キロワット未満から１０００キロワット以上まで、落差と出力はさまざまである。したがって、適用箇所ごとに水車や発電機を設計する必要があるため、この規模の発電機はあまり開発されていない点が課題である。なお、未利用落差にも水利権など地域住民の調整が必要なことはいうまでもない。

●まとめ

・原子力の代替となるのは自流式のみ。
・大規模な好立地は開発済み。
・中小規模は割高で、採算が取れない可能性もある。
・環境影響評価や水利権調整などに多大な労力と長い年月がかかる。

福島第一原子力発電所事故の理解と原子力の課題

２０１１年3月11日に東日本大震災で東京電力福島第一原子力発電所の事故が発生した。事故後の水素爆発で放射性物質が広域に拡散するなど大きな被害を及ぼしている。

商用原子炉の多くは軽水炉型と呼ばれ、天然ウランから核分裂を起こしやすいウラン２３５を濃縮し燃料に、また通常の水（軽水）を冷却材に使う。図にウラン２３５のエネルギー発生原理を示す。ウラン２３５は中性子1個を吸収すると2個の放射性核分裂片に分割される。この際、新たな中性子とともに核分裂による熱エネルギーおよび高いエネルギーをもつ即発ガンマ線などの放射線を発する。放射性核分裂片はさらに自然発生的に核崩壊し、遅発ガンマ線などを発して安定な核分裂片になる。軽水炉では核分裂と、同時に自然発生する核崩壊の熱エネルギーを蒸気として取り出している。発生する熱総量は同じ重さの炭素の約２００万倍である。50人で消費する炭素と同重量のウランで1億人分のエネルギーをまかなえることになる。このウランの高エネルギー密度が注目され、従来の軽水炉開発が進められてきた。核分裂に対して核崩壊熱は7％ほどである。今回の福島第一原子力発電所の事故は、この核崩壊熱に起因している。

軽水炉のウラン燃料は直径10ミリメートルの柱状に成形した金属管（被覆管）に充塡する。燃料から発生する熱エネルギーで被覆管の外部を循環する水から水蒸気をつくり、タービンで発電す

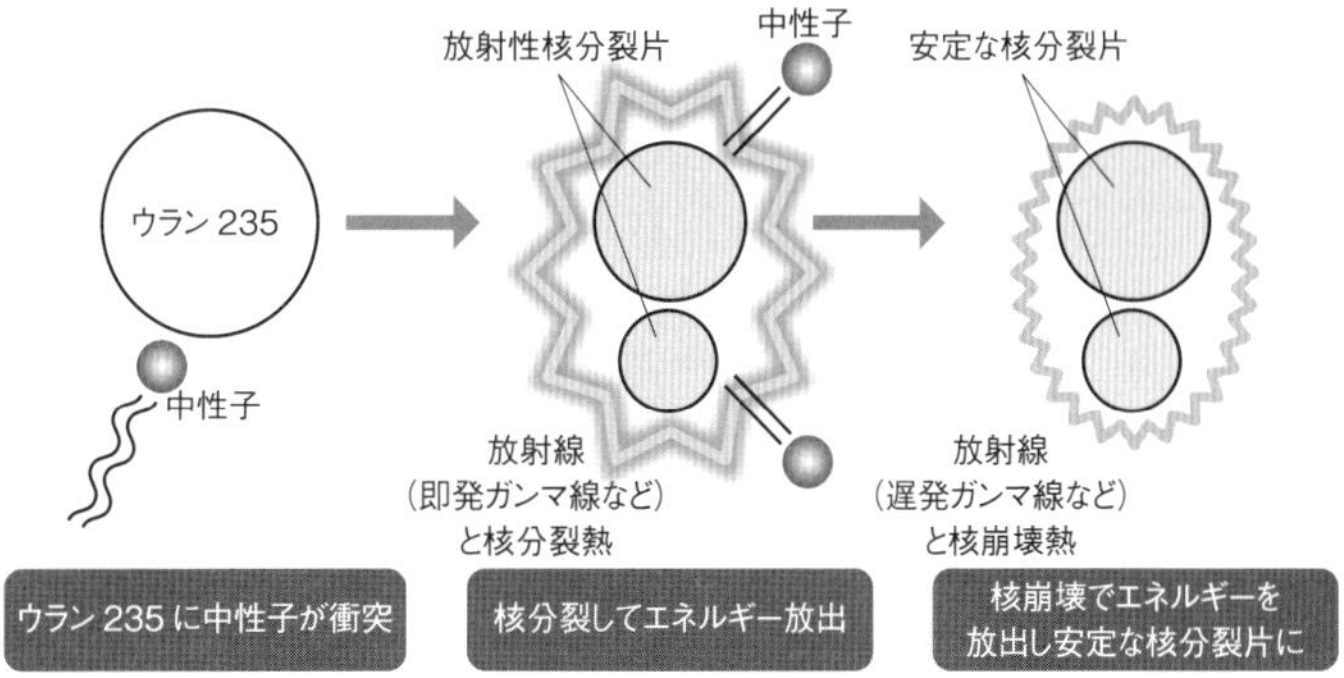

ウラン 235 のエネルギー発生原理

る。被覆管は水中にあることが必須である。

震災直後、制御棒で中性子の発生が抑制され核分裂は停止した。一方、核崩壊は元来停止できず、水を循環させて核崩壊熱を継続的に除去する必要があった。外部電源と非常用発電機を用いて炉心冷却水ポンプ系を駆動させ、冷却水の循環により燃料棒の冷却を行った。しかし1時間後の津波で外部電源が遮断され、非常用発電機が破損し、全電源を喪失して燃料棒への水循環ができなくなった。核崩壊の熱で燃料棒周囲の水が蒸発し、燃料棒を収めた圧力容器、さらに圧力容器を収めた格納容器内の圧力が上昇した。水の蒸発が著しくなった結果、燃料棒が空だき状態になり、燃料自体の温度が上昇し、800℃程度に達した際に、被覆管の金属材料が周囲の水の酸素分と酸化反応し水素が生成した。水素は空気に対して拡散しやすくまた軽く、高圧化した容器の間隙を通して外部に漏えいし、原子炉建屋内天井部に蓄積した。そして静電気などの何らかの原因で水素が着火し、水素爆発が起きた。さらに燃料は温度上昇し２０００℃を超えて燃料が損壊、溶融し、一部は圧力容器下部、格納容器下部へと流下したと推定される。

放射性核分裂片は多種あるが、とくにヨウ素、セシウムなどは水に溶解しやすい。事故後、燃料の冷却に使った水には大量の放射性核分裂片のヨウ素、セシウムなどが溶出し、水蒸気に同伴され広域に拡散した。放射線強度は放射線発生速度が半分に減衰する期間である半減期で判断できる。ヨウ素１３１の半減期は８日、セシウム１３７は30年である。よって、ヨウ素は初期数日では放射線強度が高いが１週間程度で半減する。一方セシウム１３７は放射線強度の半減に30年を要し、長期にわたり放射線を放出し続ける。よってセシウムがより長期に人体の健康に影響を与え、その除染、回収が重要である。福島第一原子力発電所ではセシウムの回収を主目的に冷却水の浄化を行っている。また、各地域の行政組織は広域に拡散したセシウムの除染、回収への対応が喫緊の課題となっている。さらに回収した核分裂片は引き続き崩壊熱と放射線を発する。長期間の処分が必要で、集積保管場所に関わる地域の理解が重要になる。

当然ながら事故原因を徹底検証する必要がある。三陸地方での大津波は、過去から定期的に発生しており、これに応じた安全対策が必要であったと反省される。今回の原発事故で、エネルギー政策は大きな転換を迫られた。原子力発電の安全性向上に向け再検討すべき課題は多く、定期点検後の原子力発電所再稼働は難しい状況になっている。ただし、安定した電力供給は経済活動に欠かせず、再生可能エネルギーの普及には時間がかかる。また、過度の放射性物質の忌避は対策費用の過度の高コスト化、膨大な手間を招く。人類は放射線を宇宙線として常時被曝しており、また、国際線飛行機利用などでも被曝している。これらの客観的な事実を冷静に勘案する意識も必要と考えられる。福島第一原子力発電所の事故処理を急ぐ一方で、国民の間で今後の原子力のあり方を合理的にかつ徹底して議論することが必要である。

●まとめ

・拡散した放射性物質の回収、処理の技術開発を急ぐとともに、福島第一原子力発電所の処分技術の開発も必要。
・放射性廃棄物の長期保管場所の確保が課題。
・放射性廃棄物に対する許容限度の明確化、市民の合意形成が必要。
・軽水炉の安全基準の見直しが必須。

原子力発電の将来

安全を考慮した次世代原子炉の開発状況

福島第一原子力発電所の事故に関する復旧の道筋が未だ不明瞭ななかで、次世代の原子炉を考えることは時期尚早にみえるかもしれない。しかし、海外ではエネルギー需要の増加に伴い原子炉への需要が旺盛であり、日本の原子力技術による貢献が期待されている。事故後の２０１１年内でも、数カ国から日本企業が原子炉を受注しているのも事実である。

原子力発電は水を冷却材に使う軽水炉が一般的である。福島第一原子力発電所も同様である。１９７９年に米国のスリーマイル島原子力発電所の軽水炉が福島第一原子力発電所と同じく冷却水の循環停止で炉心損傷事故を起こし、脆弱性が認識された。

軽水炉よりも安全性と経済性に優れた次世代の原子力システムの開発のために、米国を中心に第４世代国際フォーラム（ＧＩＦ）が２００１年に結成された。その国際協力の枠組みに日本を含む12カ国と1機関が参加している。ＧＩＦは燃料の効率的利用、核廃棄物の最小化、核拡散抵抗性の確保等エネルギー源としての持続可能性、炉心損傷頻度の飛躍的低減や敷地外の緊急時対応の必要性排除など安全性／信頼性の向上、およびほかのエネルギー源とも競合できる高い経済性の目標を満足すべきものとして、おもに6種類の原子炉が検討されている。日本はとくに高温ガス炉、鉛冷却高速炉で貢献している。またＧＩＦとは別にキャンドル炉が安全炉として検討されている。

高温ガス炉　運転操作が不能になったり不適切な事象が起きたりした際に、外部電源が失われても自然に停止する原子炉を「受動安全炉」と呼ぶ。ヘリウムガスを冷却材に使う高温ガス炉はその候補の一つであり、次世代の原子炉として開発中である。冷却材を循環させる電源を失っても、ガスの自然な対流および輻射で核崩壊による熱を除去できる。日本原子力研究開発機構が開発した高温工学試験研究炉（ＨＴＴＲ）は同型で世界最高温度出力をもっており、世界をリードしている。直径０・９２ミリメートルの４重被覆燃料粒子を均一に大量生産する点が重要であり、日本が優れた技術を有している。福島第一原子力発電所事故以前に、ＨＴＴＲでは冷却ガス循環停止実験を行い、燃料が加熱昇温することなく自然冷却されることが実証されている。燃料のエネルギー密度を小さくしたことによる安全効果である。軽水炉に比べて燃料エネルギー密度が低いために原子炉が大型化しコストが高くなる、一方で緊急冷却装置などが省ける分、システム構成が簡略化でき補機の低コスト化、高い操作安全性が期待できる。現在、日本が保有する世界一の技術として留意する必要がある。

鉛冷却高速炉　燃料増殖も原子炉の一特性である。天然ウランにも採掘限度があり、石油と同程度の80年程度といわれている。軽水炉ではウラン２３５をおもに利用している。天然ウランはウラン２３５を０・７％含み、残り９９・３％はウラン２３８である。ウラン２３８は核分裂しないが、一定の条件で中性子を吸収すると核変換し、核分裂を起こすプルトニウム２３９になる。プルトニウム２３９を核分裂させ連続的にウラン２３８をプルトニウム２３９に燃料化することを燃料増殖と呼ぶ。プルトニウム２３９の核分裂には軽水炉の中性子に比べて高速の中性子が求められ、

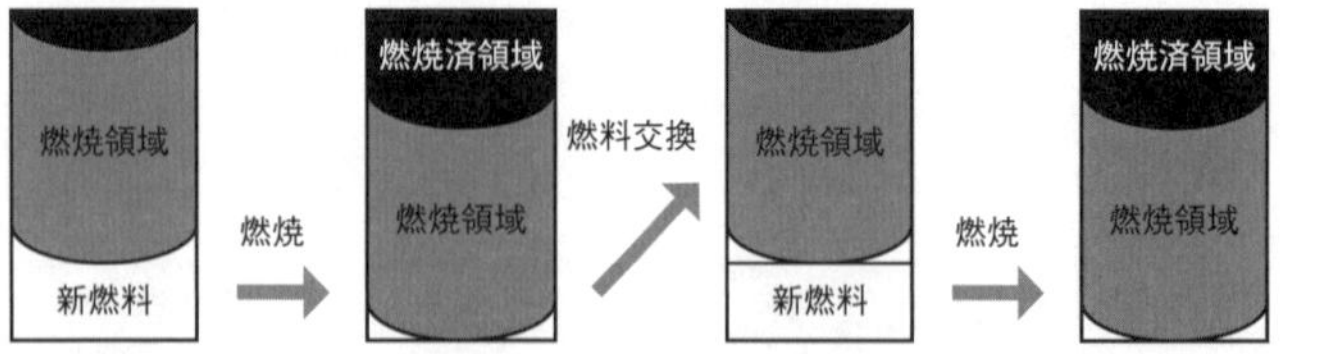

キャンドル炉の燃料の取扱い方法

冷却材としてナトリウムなどの溶融金属が必要になる。これらを実現した炉が高速増殖炉であり、日本では「常陽」(茨城)に続いて「もんじゅ」(福井)として開発されている。ウラン238の燃料増殖による利用が可能になるため天然ウランを軽水炉の50倍程度利用でき、現在のウラン資源で4000年程度の長期にわたりエネルギー供給が可能となる。もんじゅは1995年に冷却材ナトリウム漏えい事故を起こし停止している。ナトリウムの危険性に関しても既に指摘があり、ほかの溶融金属冷却材が検討され、大気中で安定な鉛ビスマス合金がロシアおよび日本で検討されている。この鉛合金高速炉は燃料増殖性があり、新たな高速増殖炉の候補である。原子炉反応容器金属と鉛ビスマス合金による腐食が課題であり、検討が進められている。プルトニウム239の取り出しには再処理プロセスが必要であり、日本では六ヶ所再処理工場(青森)がその任を負っている。

キャンドル炉　日本で1990年代に提言されたキャンドル炉はウラン燃料の濃縮が不要で、原子炉内で燃料増殖を行いながら燃焼する使用済み燃料を取り出し、新燃料を追加することで長期間の運転が可能である。図に燃料の取扱い方法を示す。①の燃焼(核分裂)初期では燃焼領域は燃料増殖をしつつ燃焼し、燃焼領域が次第に新燃料側に移動する。②の燃料後期は新燃料が減った段階で、③で燃焼した使用済燃料を取り出し、新燃料を追加する。④で再び新燃料が減った後、再度③の新燃料追加を行う。増殖炉と同様に同じウラン原料から軽水炉の約50倍のエネルギーを取り出すことが可能とされる。かつ、再処理工場を必要としない点で先進性がある。米国でビル・ゲイツ氏が支援するベンチャー企業が提案したＴＷＲ（Travelling Wave Reactor）炉（進行波炉）はこれに類似したものである。

ここで改めて原子炉は多様な形式があることを指摘したい。日本はこれまで軽水炉や冷却材にナトリウムを使う高速増殖炉のみを集中的に開発してきた。世界の要望に応えると同時に将来の日本のエネルギー政策を考えると、より安全な次世代炉の開発は引き続き重要と考えられる。一方で、燃料増殖により放射性廃棄物の絶対量は減少するが、引き続きその処分に関する手法を整える必要がある。さらに原子炉の技術開発、建設には10年単位の時間を要し、長期的な計画とその実行が必要である。

●まとめ

・次世代原子炉として安全炉が存在する。
・原子力エネルギーの可能性とリスクを理解することが重要。
・原子力エネルギーの安全な社会利用のための研究開発を継続的に実施する。

揚水発電

揚水は蓄電装置

揚水発電は、上下二つに分かれた貯水池（ダム）を設け、電力供給に余裕のあるときに余剰電力を用いて下のダムの水をくみ上げ、電力が必要な場合に上下のダムの高低差（位置エネルギー差）を利用して発電する方法である。すなわち、火力発電や一般の水力発電とは異なり、生産した電力を一旦位置エネルギーに変えてためておくための設備である。いわば「蓄電施設」であり、化石資源などから直接電力を生産する手段ではない。山がちな日本の地形にあった方式の設備である。水を落下させるだけで電力が得られるので、発電開始から最大出力までに必要とする時間が短く、出力の調整が比較的容易であることが特徴である。

震災後の東京電力の電力供給力は５５００万キロワット（kW）程度である。このうち約７００万キロワットが揚水発電によるものとされている。揚水発電は大規模なものが多い。２０１５年度以降の運転開始予定で増設工事中の東京電力・神流川発電所（群馬県上野村）は、出力が２８２万キロワット（現在47万キロワット）と世界最大規模になる予定である。ただし、上の池の貯水量が発電量の限界になるため、最大で1日9時間程度しか運用できない。また、上のダムへのくみ上げ能力に制約があり、連日１００％の能力を発揮することはできない。

表にあるように、揚水発電所の発電可能量は、とくに東京電力管内で大きく、１０００万キロ

各電力会社の電力供給能力と揚水発電所の発電可能量

	電力供給能力［万 kW］	揚水発電所の発電可能量［万 kW］
東京電力	5280	1014
中部電力	2271	284
関西電力	2830	292
東北電力	1222	36

電力供給能力は、2011年8月25日の各社の実績値。
揚水発電所の発電可能電力量は、設備容量ではなく、発電可能な電力量。

ワットを超える。関西電力、中部電力はずっと少なくなって300万キロワット弱であり、東北電力では36万キロワットである。新規立地は用地確保の問題があって難しいといわれている。

なお、電源開発㈱が所有する沖縄やんばる海水揚水発電所（最大出力3万キロワット）は、上部ダムに海水をくみ上げ、海面との落差を利用して電力を得るタイプの揚水発電所であり、世界初の設備である。

震災以前は、夜間の電力生産は、原子力、水力、石炭火力によって行われていた。結果として、余剰電力の相当部分は原子力発電によるものとして指摘され、夜間に電力需要を生む揚水発電は原発推進のための方策だとする主張も強くあった。しかし現在では、夜間にも、従来昼間の負荷変動用の電源として活用されてきた天然ガス火力をはじめ、火力発電所がフル稼働して余剰電力を産み出し、揚水により蓄電することで、平日の昼間の電力供給不足を補っている。揚水発電を活用しないで、大都市圏と隣接する工業地帯の電力需要を満たすことは現状では難しい。

さて、注意すべきことは揚水発電のエネルギー効率は70％程度であり、水をくみ上げるのに使われた電力のうち30％は失われてしまうことである。つまり、揚水発電によって昼間の電力供給不足を補うことは、火力で生産した電力の30％を失い、その分、二酸化炭素（CO_2）の排出量を増やすことを意味する。とくに低効率の老朽化した火力発電設備を運用している現在ではやむを得ないこととしても、揚水発電の積極的利用には問題があることを強く指摘しておきたい。また、発電コストの面からみても、30％の電力を失い、そのうえで設備コストをかけていることからかなり割高となることは容易に想像できる。こうした欠点がありながら、大規模に蓄電できる技術はほかにないのが現状である。

現在なすべきことは、昼間の電力需要のピークを小さくして、電力需要の削減と平準化に資する対策を最大限に打ったうえで、猛暑日やとくに寒い日など電力需給がひっ迫した場合の緊急避難処置として揚水発電を運用することである。

●まとめ

・揚水発電は蓄電設備であって、新しく電力を生み出す装置ではない。
・昼間のピーク需要を補う手段。
・効率は70％程度。

まずは、卸電力取引所を活性化して需要家の選択肢を増やす

既存の電力系統が抱える課題について改めて考えてみたい。再生可能エネルギーの将来の普及にも影響を及ぼすからだ。一つには、発電した量が瞬時に消費される「同時同量」という特殊な商品性をもつ電力の取引自由化と供給安定化の問題がある。また、国際的な産業競争力を維持するための安価な従来の電力と、将来のための費用負担の大きい再生可能エネルギーによる電力のバランス、という課題もあり、これらを同時に解決しなければならない複雑な事情がある。

電力の供給不安や原子力発電に対する意識の変化で「再生可能エネルギーで発電した電気を買いたい」など、電気の選択への関心が高まっている。50キロワット（kW）以上で契約する企業など、大口需要家による電力消費量は日本全体の約6割を占める。その大口需要家は、買電先の選択が自由化されている。自由化の対象となった需要家は、電力会社のほか、電力の小売りを手掛ける特定規模電気事業者（PPS＝Power Producer and Supplier）と、当事者間の私契約によって売買価格を設定できる。使用量の多い大口需要家は、基本的に安価な電力を調達するが、企業の社会的責任（CSR＝Corporate Social Responsibility）活動の一環として、再生可能エネルギーによる電気を指定買いする契約事例もある。一方、一般家庭には、電力会社以外の選択肢がない。電力系統を通して再生可能エネルギーによる電力を指定することはできないので、自主的な方法としては、

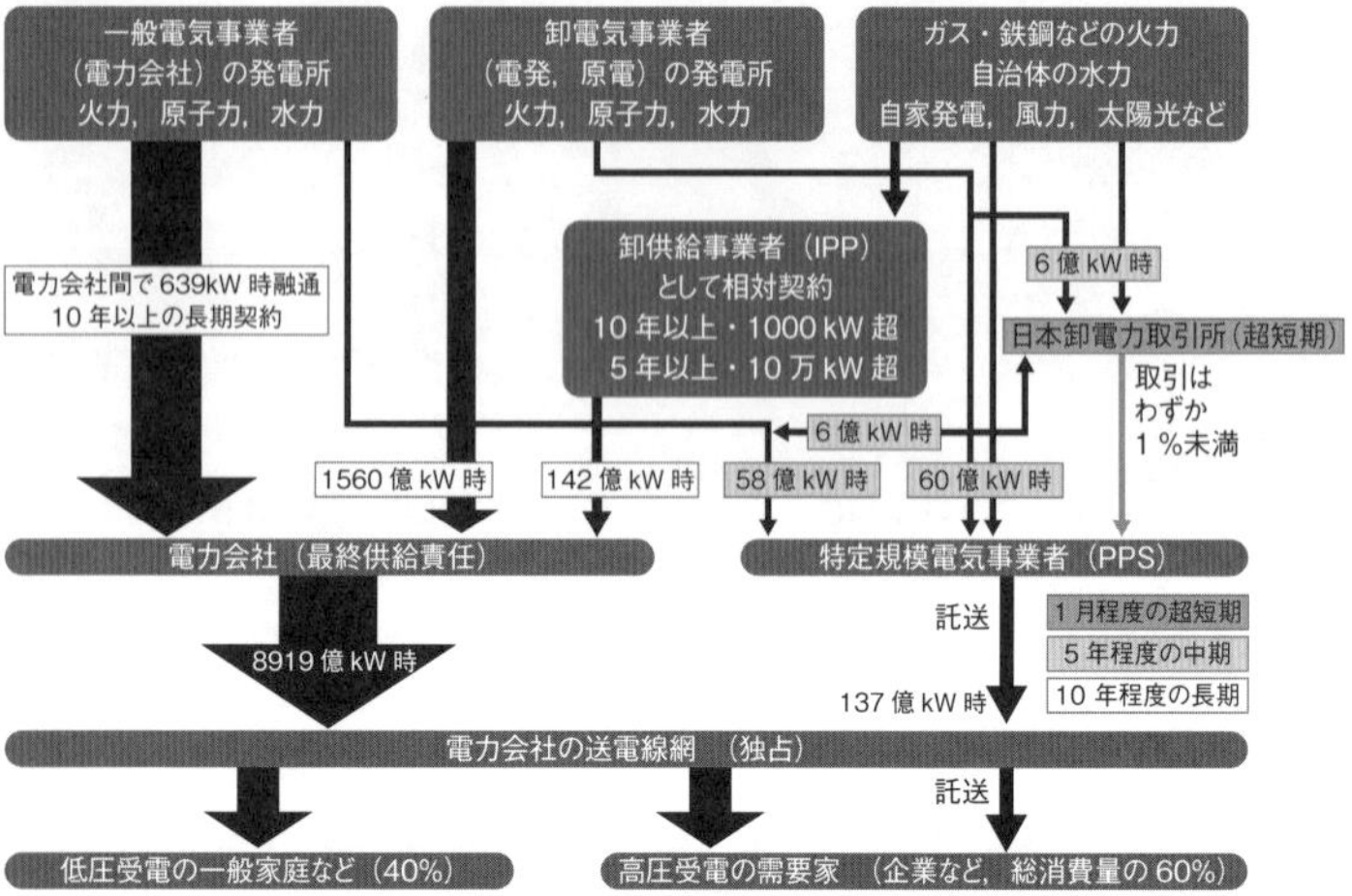

卸電力市場を含めた電力供給の構造

［数値は平成18年度のもので平成19年度内閣府規制改革会議イノベーション・生産性向上WG第3回IT・エネルギー・運輸TF資料より抜粋］

グリーン電力に出資して、基金として運用される支援制度に委ねるしかない。

家庭用などの太陽光発電は、大抵の場合、自家消費目的で導入されているが、余剰分があれば、電力会社に買い取ってもらえる。現行制度は、固定価格で10年間買い取ることになっているが、対象を再生可能エネルギー事業の全量買い取りに拡大した法案も２０１１年に国会で成立した。いずれも電力会社が買い取るための費用は、使用量に応じた賦課金（サーチャージ）として電力料金に上乗せされるので、こちらは好むと好まざるとにかかわらず、負担を強いられることになる。従量制としてあまねく負担する制度になれば、一般家庭向けのグリーン電力基金は、次第に縮小していくと考えられる。

日本の電力取引は、２００３年に設立された日本卸電力取引所で行われ、現在は電力９社を含む52社が参画している。東日本大震災直後は一時停止していたが、２０１１年６月には再開した。取引所では、自家発電を行う事業者などから売りに出された電力をＰＰＳが市場原理で買い取り、それを需要家に小売りする仕組みになっている。ところが、約定した電力はすべて電力会社の送電線網で託送されるので、託送の料金が上乗せされる。計画停電や需給調整にもＰＰＳや需要家は強制的に巻き込まれる。

一方、電気事業法第18条による最終の供給責任が電力会社に課せられていることを鑑みると、安定供給のためには発電・送電・配電を一体運営するほうが効率がよいともいえる。広範囲、長時間の停電は社会活動に与える影響がきわめて大きいため、電力会社はこれまでも重要変電所の改修や複ルート化などで世界トップクラスの高い信頼性を維持してきた。１９６６年には年間７００分もの停電時間があったが、２００９年にはわずか14分まで短縮されており、安定的な産業活動に寄与していることも事実だ。そのためには、取引所で約定された管理下にない供給力の低下も配慮せざるを得ない。また、値下げ競争の回避のため、電力会社は取引所を通さず長期の相対契約で卸供給電力を押さえてしまっている。このため、取引所で扱われる売買電力量は、年間の取引量全体の１％にも満たない。このように硬直した状態では、今後期待される再生可能エネルギーの積極的な導入も進まない。

電力自由化は段階的に範囲を拡大してきたが、50キロワット以下を含む全面自由化は見送られている。その理由の一つとして、電力取引市場の現況から判断すると、追加的に発生する費用に対して小口需要家のメリットがみえないことがあげられている。取引所が活性化し、あらゆる電源の新規発電事業者にとって参入するハードルが下げられ、需要家としても選択肢が広がることになれば、全面自由化への道筋もみえてくる。

東日本大震災の直後、首都圏では大規模な停電を回避できた。電力会社の周波数制御システムによって自動的に制御される自家発電所以外にも、周波数の低下を検知した鉄鋼会社の発電所が自主的に申し出て、出力を増加させたことが少なからず貢献したといわれる。また、計画停電実施後も自家発電所によって供給力が積み増しされ、予備力を確保できた事実から、電力会社以外の発電所には、災害時の電力供給でリスク分散の役割も期待される。

●まとめ

- 今のままでは全面自由化されても一般家庭のメリットは薄い。
- 安定重視、再生可能エネルギー重視など、選択肢を増やす。
- 卸電力取引所の活性化で、硬直化した状況を打破。
- 発電・送電・配電の分離は、最終供給責任の議論とセットで。
- 非電力系の発電所は非常時のリスク分散の役割も。

これからのエネルギー供給を支える新技術

電力融通

周波数変換所の容量増強で広域融通のボトルネック緩和を

日本の電気の周波数は新潟県から静岡県に至る大きな断層「糸魚川－静岡構造線」を境にその東側が50ヘルツ（Hz）、西側が60ヘルツになっている。これは明治時代に技術をドイツと米国から輸入したことが原因である。狭い国土に二つの周波数が存在することは以前からの懸案であり、第二次世界大戦終了後に統一の議論もあったが、結局変わらずに今日に至っている。1000万キロワット（kW）超の電源喪失などなければ大きな問題になることはなかったが、東日本大震災後、供給力における現実的な問題として改めて浮き彫りになった。

周波数が需要家に与える影響はさまざまであるが、概して二つに分けられる。一つは居住地域の短時間の周波数変動による影響であり、これは電力会社の品質にかかわる問題である。家電製品や鉄道などのモーターは、交流の電気を一旦直流に変換し、さらに制御しやすい周波数の交流に逆変換するインバータを使ったものがほとんどであり、わずかな周波数変動は問題にならない。一方、微妙な周波数変動でも品質が悪化し、製品の歩留まりに影響を受ける製造業も少なくないことから、たとえば東京電力では±0・2ヘルツ程度に抑える努力をしている。

もう一つが、50／60ヘルツの違いによる影響で、これまでは引っ越しや設備移転時に考慮する程度であった。しかし、地域の周波数自体が変わるとなれば、事はそう簡単ではない。現在、市販されている家電製品は50／60ヘルツ両方の周波数に対応したものがほとんどで、一般家庭で両周波数の違いを意識することはまずないと考えられる。一方、設備容量の大きい産業用機器では、10ヘルツも異なるとさすがに電動機や変圧器が大きな影響を受けることになる。電動機は使えないことはないが、効率が変化するので、周波数を落とす場合に損失が大きくなる。変圧器は通常、定格の周波数専用となっており、最悪の場合は破損して設備に甚大な被害を及ぼしかねない。工場や発電所にある大型のタービンや発電機もそれぞれの周波数に合わせて設計されており、とくに回転数の違いによる軸の振動が問題となりやすい。もし、周波数を統一することになっても、技術的には対応可能であるが、新規、改造を含めて対象となる機器の数がきわめて膨大で、コストも莫大にかかることから、実際には周波数を統一することはほぼ不可能と考えられる。

残る対策としては、二つの周波数の間で自由に電力を融通する容量を増強する方法がある。東京電力の最大供給力に着目すると、原子力を除いても５１００万キロワット余りある。中部電力は３１００万キロワット、関西電力は２６００万キロワットで、東京電力の約半分である。また、東京電力の１％の余力は東北電力の供給能力の約４％に、北海道電力や北陸電力では約10％にも相当する。これらの地域で、今回の震災と同じように基幹となる大容量の発電所が全く機能しなくなった場合は、電気事業法第27条に基づき、一気に10％以上の強制力を伴う節電、あるいは計画停電に踏み込むことも視野に入れざるを得ない事態に陥る。しかしその不足分は、首都圏ではその10分の１の節電努力で応援できることを意味し、ほかの地域での電力不足に対して東京電力の供給力が

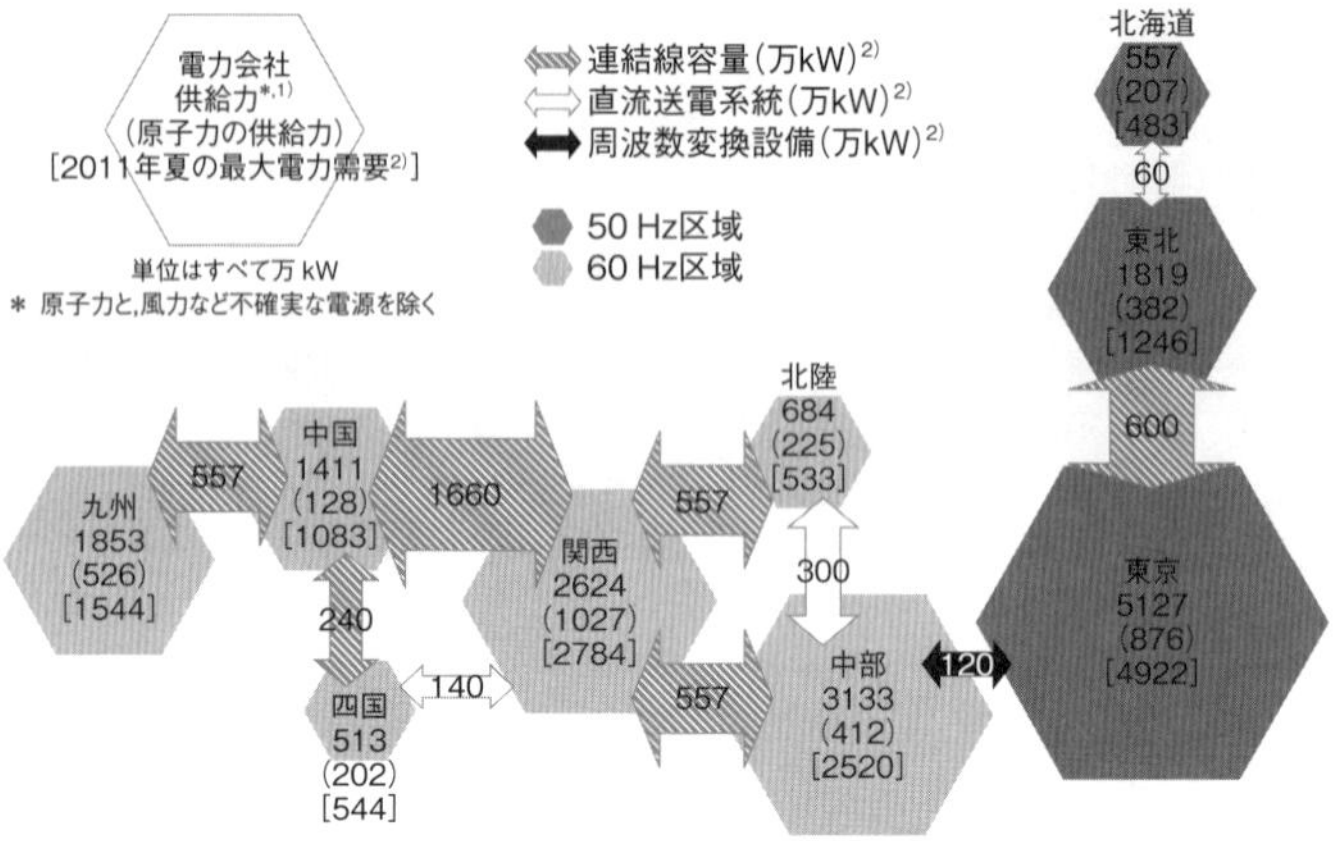

電力会社の供給力と地域間連結送電系統定格容量

電源開発（株）、日本原子力発電（株）の供給力は送り先に均等配分

［1）経済産業省（2011年9月月報）、2）電力系統利用協議会（2010年冬季）の発表データを基に作成］

バッファー（調整弁）になり得る。電力の安定供給や災害対策としては、強力な社会資本であるといえる。

南北に長い日本の電力事業は、独立性の高い電力各社の供給区域を連系線で接続した串形のような送電網で成り立っている。網の目のような融通のしやすいネットワークが築きにくい反面、事故の波及が限定的であり区域内での安定的かつ高い品質の電力供給をもたらしている側面もある。電力の融通は、通常、隣接する同一周波数の2社間の契約で行われることが多い。送配電利用における公平性・透明性・中立性の確保も必要で、そのために電力系統利用協議会が2004年に発足し、翌年には連系線利用のルールを策定して運用調整を開始している。ここでは、電力会社に全国規模の融通を需給調整の手段として認める代わりに、電力自由化で新規の発電事業者が参入しやすいよう、締め出しなどの監視もしている。今回のような大震災では、全国規模で相互融通が必要であり、現行の仕組みはうまく機能したといえる。

しかし、やはり50ヘルツと60ヘルツの周波数変換を伴う連系線の容量が相互融通のボトルネック（あい路）である。周波数変換所は現在、佐久間、新信濃、東清水の3カ所で、送電線の増量工事中の分を含めても120万キロワットしか確保されていない。周波数変換では、送り元の周波数の交流を一旦直流に変え、再度送り先の周波数の交流に戻すサイリスタというパワーエレクトロニクス半導体が大量に必要である。このため、コストが下がりにくく、容量増強は発電所の建設と同程度のコストがかかるとされる。現在の串型の送電線網で、同じ周波数での電力各社間の連系線容量は応援できる程度に十分確保されているものの、50／60ヘルツの周波数変換融通が唯一のボトルネックとして存在する。周波数の違いは如何ともしがたいが、東日本大震災後の混乱を経験すると、当面はコストがかかっても容量増強は必要であると考えられる。

●まとめ

・50／60ヘルツの周波数の統一は技術的には可能、社会的には実質不可能。
・串型の送電線網には一長一短あり。
・広域融通による需給調整は大災害時には必要。
・50／60ヘルツの周波数変換所がボトルネック、コストは高いが増強も必要。

太陽光発電（1）

周辺機器の低価格化が重要

太陽光エネルギーは多くの再生可能エネルギーの源であり、その有効利用が今後の大きな課題である。太陽光エネルギーを直接利用する形態は、大きく分けて太陽光発電、太陽熱利用、太陽熱発電がある。太陽熱利用は太陽光で水を温め、温水として利用する技術で、太陽熱発電は、太陽光を集光し高温熱を利用して発電を行う技術である。国内では、太陽光発電に将来のもっとも大きな期待が寄せられている。太陽光発電は、エネルギー自給率の向上に寄与すること、可動部分がないため故障が起きにくく運用が容易であること、排気・騒音・振動が出ないことなどの長所がある。加えて、東日本大震災においては、非常用の電源としての役割が大きく見直された。

太陽光発電は太陽電池を利用し、太陽光のエネルギーを直接的に電力に変換する発電方式である。太陽電池は複数の半導体を接合したデバイスであり、光が照射されると起電力が発生する光起電力効果と呼ばれる現象により太陽光から直接電気を得ることができる。半導体にはシリコンを用いるタイプが主流だ。太陽光発電の心臓部は太陽電池であるものの、家庭に設置される際には、金属枠や保護ガラスなどと一体化したモジュール（複合部品）にされる。モジュールは屋根に敷設されるパネル設置用レールの上に並べられ、さらに、パワーコンディショナー（電力制御装置）や電気配線、電力モニターも同時に設置される。電力モニターの設置により、発電量だけでなく家庭内の電気使用量も見える化され、効率的な節電も可能となるなど、副次的な効果も期待できる。

近年、太陽光発電の導入は世界的に拡大しており、欧州太陽光発電産業協会（ＥＰＩＡ＝Eupopean Photovoltaic Industry Association）によると２０１０年末段階での世界の累積導入量は３９５０万キロワット（kW）と推計されている。日本はドイツ、スペインに次いで３番目の導入国だ。太陽光発電協会によると国内の累積導入量は２０１０年度末で３９０万キロワットである。２０１１年度も順調な導入が進んでおり、２０１１年度上半期末段階で累積導入量は４５０万キロワットとなった。太陽光発電に用いられる太陽電池の生産に目を向けると、生産量の世界トップ10のうち６社が中国・台湾のメーカーで、国内メーカーは激しい価格競争にさらされている。

市販化された当初、太陽光発電の値段は半導体として用いられるシリコン膜の価格が大部分を占めていた。技術開発の進展によりシリコン薄膜の製造価格は低下してきている。今後、普及促進のために価格を下げるには、配線やパワーコンディショナー、工事費などの低価格化が重要となってきている。一方、近年ではシリコン原料の価格が投機などで高騰しており、シリコンに依存しない太陽光発電の開発も重要である。

太陽光発電は大きな設置面積を必要とするものの、設置場所の制約が少ない。これまで、建造物の屋根や屋上などへの設置が積極的に進められてきた。国内では約８割が家庭用だ。集合住宅やオフィスビルへ設置の検討も進んでいるが、屋根のスペースが限られることや隣接する高層の建物による影の影響など注意が必要だ。

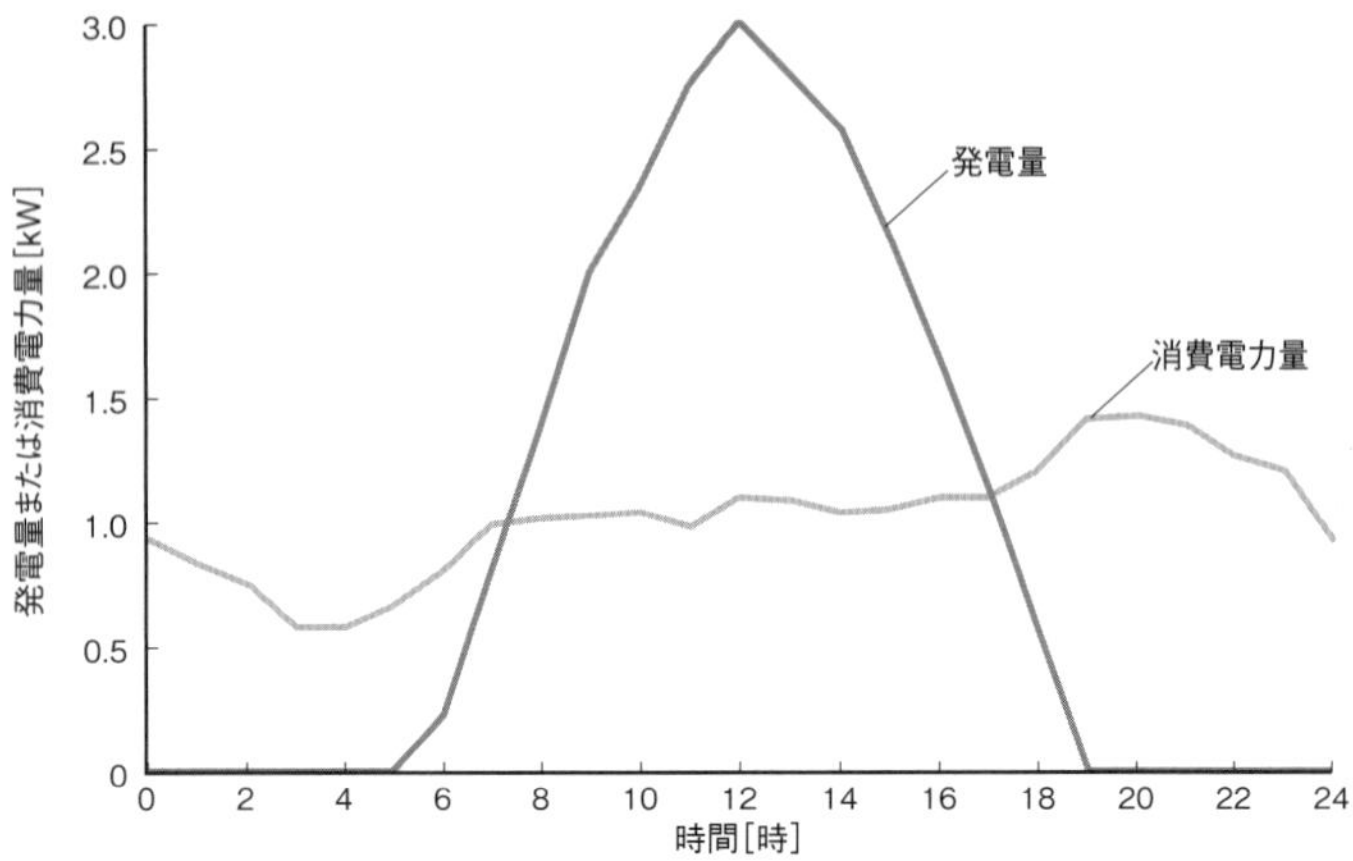

家庭での太陽光発電の発電量と消費電力量
一般家庭における夏の快晴の１日のイメージ。

太陽光発電の発電量は発電効率と日照量により決まる。温度が低いほど半導体の効率が高くなるため、気温の低い寒冷地は有利である。ただ、冬にパネルの上に雪が残り、発電できなくならないか注意が必要になる。また、一般に冬に曇天や降雪の多い日本海側よりも太平洋側のほうが年間の日照量が多く、太陽光発電の導入適地が多い。一方、九州などでは黄砂によりパネル表面が汚れ、発電量が落ちるなどにも対策も重要だ。また、同じ日照量でも、太陽光発電の経年劣化により発電量が落ちる点にも注意が必要だ。

太陽光発電は晴れている昼間だけ発電し、日が傾いていない12時がもっとも発電量が多い。一般的な家庭で使用する電力量と比べると、昼間は太陽光発電で生じる電力が余り、夜間は不足する。太陽光発電は需要に合わせて発電することができない。現在は家庭で昼間に余った電力を買い取り、夜間に不足する分を供給することで電力会社がこのギャップを調整している。

現在、国内では電力供給に占める太陽光発電の割合が0・5％程度にすぎないため、電力会社による買い取り制度で十分機能している。しかし今後、太陽光発電が全体の20％、30％と大規模に普及してきたときには、電力網の安定性へ与える影響が大きくなり、電力会社による買い取りだけでなく、電池などによる蓄電が必須になる。また、太陽光発電の発電量は多いが比較的電力需要の少ない5月や発電量が少ないが電力需要が多くなる梅雨の時期など、季節ごとの対策も必要だ。今後の蓄電技術の開発と運用システムの構築が中長期的な課題だ。

●まとめ

・導入は欧州・日本が進んでいるが、生産は中国・台湾が躍進。
・世界的な価格競争において周辺機器の低価格化は重要。
・太陽光発電の発電量と家庭の電力需要の過不足は電力会社が調整。

太陽光発電（2）

変換効率向上へ太陽電池の研究開発進む

太陽光発電は、環境負荷が小さく、国内のエネルギー自給率を高められ、災害など非常時の電源ともなる発電技術としてこれからの大規模な普及が期待されている。同時に、海外競争力をもつ産業として成長させるため活発な技術開発が行われている。現在の市販モジュールでのエネルギー変換効率は、14～18％程度であり、この変換効率をさらに高めることが当面、もっとも重要な課題になっている。

新エネルギー・産業技術総合開発機構（ＮＥＤＯ）が２００９年に公表した技術開発指針「太陽光発電ロードマップ（ＰＶ２０３０＋）」には、２０２０年に変換効率で20％を、２０３０年には25％を、そして２０５０年には40％を目指すとある。これが実現すれば同じ出力の太陽光発電に必要となる面積は現在の８割、６割、４割と減少することとなり、狭い屋根などへの設置も可能になる。同時に、太陽電池に用いられる材料、保護ガラスや架台などの周辺部材に用いられる材料が少なくなり、価格の低下も期待される。それに伴って、国内への大規模導入も進むと予測されている。実際、太陽光発電協会（ＪＰＥＡ）によれば２０１０年度の国内向けの出荷量は１０６万キロワット（kW）であった。ＮＥＤＯ・太陽光発電ロードマップ（ＰＶ２０３０＋）に示される行程表に沿った、今後の順調な普及に期待がもたれる。

太陽光発電技術の今後の展望

実現時期	2010 年以降	2020 年	2030 年	2050 年
発電コスト［kW 時当たり］	23 円（家庭用電力並み）	14 円	7 円	7 円以下
エネルギー変換効率［%］	16	20	25	40
国内向け年間生産量［万 kW］	50 ～ 100	200 ～ 300	600 ～ 1200	2500 ～ 3500

［新エネルギー・産業技術総合開発機構「太陽光発電ロードマップ（PV2030+）」より作成］

現在、主流のシリコンを用いた太陽電池には単結晶型、多結晶型、アモルファス（非晶質）型の3種類に大別される。また、その形状から薄膜型と呼ばれるタイプのものや、結晶型シリコンとアモルファスシリコンを積層させたハイブリッド型もある。一般に、単結晶型がもっとも効率が高く、次いで多結晶型、アモルファス型の順である。シリコンを用いた太陽電池の理論的な最大の変換効率は約27％である。研究レベルで世界最高の変換効率は約25％と限界がみえている。太陽光発電ロードマップ（ＰＶ２０３０＋）に示される２０３０年、２０５０年の効率の実現に向けて、別の化合物半導体による太陽電池の開発に加え、複数の材料を積層させた「タンデム型」、半導体のナノ粒子を使う「量子ドット型」、太陽光をレンズで集める「集光型」などの太陽電池が開発中である。

２０１１年現在、３キロワットの出力をもつ太陽光発電は新築住宅であれば約90万円（補助金が利用できると約75万円）で設置可能である。今後の研究開発で将来、日本の住宅の大半に太陽光発電が設置されるようになるだろう。２０１０年に太陽光発電協会から公表された「JPEA PV Outlook 2030」では、2020年、2030年における住宅用の太陽光発電の累積設置戸数として530万戸、1170万戸を目指すとある。実現されれば、それぞれおよそ2000万キロワット、4000万キロワットの導入量となる。

一方、2030年、2050年やその先の普及拡大に向けては、現在の住宅用を中心とした太陽光発電だけではなく、公共系建築物、工場・倉庫、未利用地、耕作放棄地などへの導入も大切だ。東日本大震災を受け、国内でも大規模太陽光発電所(メガソーラー)の導入の議論が活発化している。太陽光発電は、雲がかかるなど秒・分単位での日照量の変化に伴って出力が変動する。その出力変動により電力網が不安定化するのを緩和する必要があり、メガソーラーではその制御を集中的に行いやすい。一方、デメリットも多い。設置場所から家庭への送電ロスが生じることや、メンテナンスは必要であるものの、継続的な地域雇用につながりにくいこと、広範な土地とその土地代が必要であることなどである。実際、環境省の「平成22年度再生可能エネルギー導入ポテンシャル調査報告書」では、非住宅用の導入可能量は最大のケースで1億キロワットを超えると試算している。しかし同時に、非住宅用の太陽光発電の普及のためには、全量買取制度に加え、技術革新による低コスト化や補助金が必要との結論が出されている。メガソーラーなど非住宅用の太陽光発電の進め方については慎重な議論が必要であろう。

●まとめ

・大規模普及に向け、効率向上に向けた研究開発が活発。
・現在主流のシリコンを用いたタイプに加えて、新しいタイプの開発が進行。
・非住宅用のメガソーラーなどの実現には買取制度に加えて技術革新が必須。

太陽光発電（3）

大規模導入時には電力需給調整が必要

前項で述べたように、太陽光発電の今後の展望は、新エネルギー・産業技術総合開発機構（ＮＥＤＯ）が２００９年に公表した技術開発指針「太陽光発電ロードマップ（ＰＶ２０３０＋）」に描かれている。太陽電池の技術開発が順調に進んだとすると、現在１キロワット（kW）時当たり23円程度とされる太陽光発電の価格は２０２０年に同14円に、２０３０年に同７円となり、２０５０年にはさらなる低コスト化が見込まれる。

これが楽観的過ぎるとの意見もあるだろう。しかし、現在の新築住宅への設置時における出力１キロワット当たり30万円の価格は、今後の太陽光発電に関わる技術者の努力で低下し、大規模に普及しはじめることは間違いない。

太陽光発電が大規模に普及してくると、電力網が不安定になることが課題だといわれている。実際には、秒や分単位の不安定性も課題となるが、ここでは、１日のなかでの変化について考えてみたい。図には、太陽光発電が大規模に導入された場合の、ある夏の平日における日本の電力需要と太陽光発電の発電量を示した。

１日のなかでの電力需要の構造が現在と同じで、日本の年間の電力消費量の３割を供給できるだけの太陽光発電が導入されたと仮定すれば、快晴の夏の日の発電量は正午前後には総電力需要量を

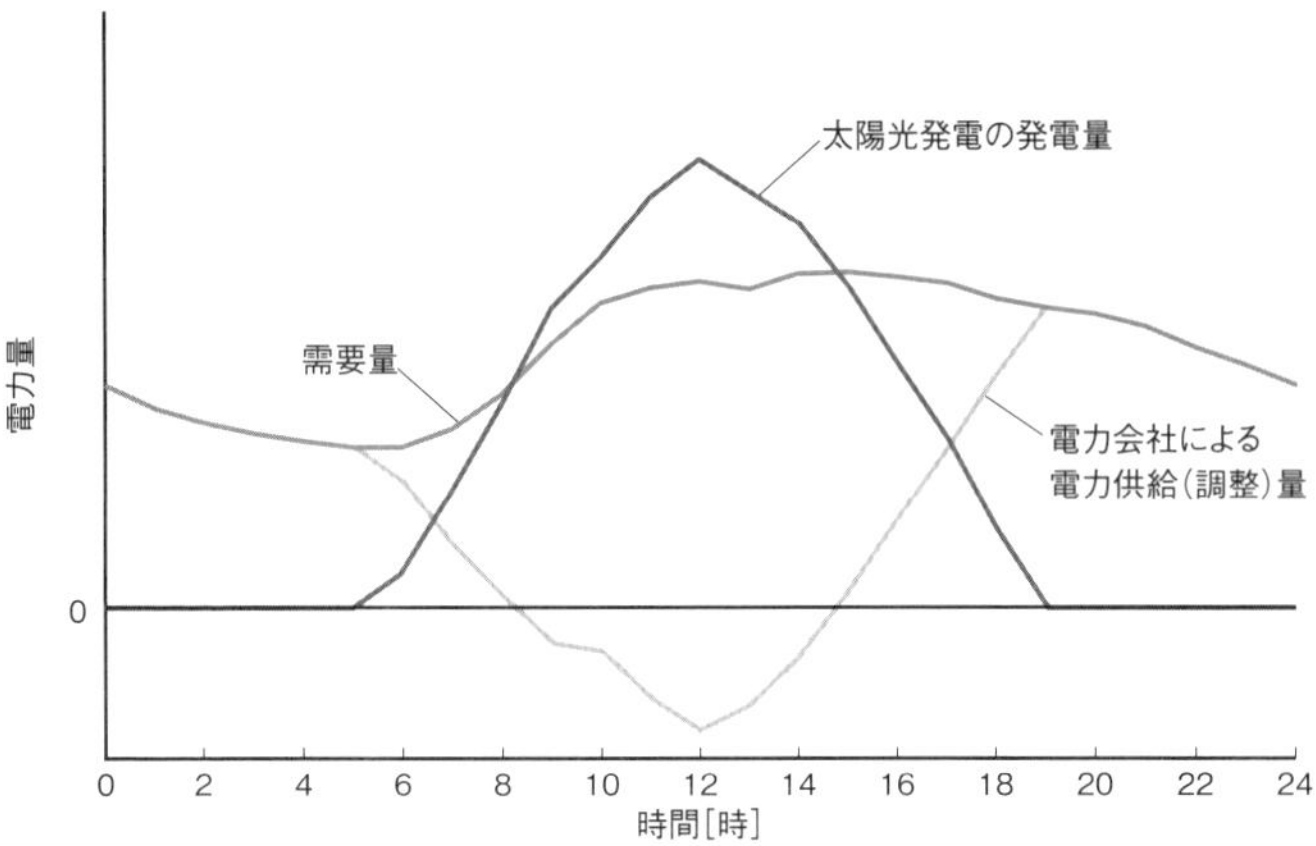

快晴の夏の１日における国内の電力需要量と供給量
太陽光発電が大規模に導入された際のイメージ図。

上回るようになる。太陽光発電は、夜間はいうまでもなく雨の日も発電できない。このため、平均して年間の電力消費量の３割を供給する規模にまで普及した場合に、晴れた日の発電量は非常に大きくなる。

このとき、蓄電設備は太陽光発電に併設されておらず、現在の制度そのままに電力の需給を電力会社が調整すると仮定する。電力会社は8時から15時の間は発電をせずに太陽光発電による電力を買い取り、夕方と夜間だけ発電することになる。そのような姿は発電した電気を販売する電力会社のビジネスとしてあり得ない。加えて、停電を起こさず安定的に電力を供給する責任を電力会社にのみ負わせるのも現実的でない。

２００９年に経済産業省から公表された「低炭素電力供給システムに関する研究会報告書」

では、不安定性を緩和するために、太陽電池と同時に蓄電池も設置することには大きな経済的負担が伴うことが指摘されている。図に示したような影響は、夏よりも5月の晴天の休日などに顕著になる。5月は、気温は高くないものの日照量は多く、5月の休日の電力需要は夏の6割程度となるためだ。そのような特定の期間のみ太陽光発電の出力抑制を行うことで、電力網への連係可能量を大きく増やすことができることも低炭素電力供給システム研究会により指摘されている。既存電力インフラと協調しながら、太陽光発電の導入を促進する観点が重要である。

電力会社の立場に立ってみると、住宅用や公共建築物、工場などへの太陽光発電の導入は、節電同様に自社の電力販売量を減らす要因である。すなわち、太陽光発電など分散電源の導入を促進することは、電力販売量を減少させることであり、電力会社にとってのインセンティブ（動機付け）はない。しかし、前提にすべきは、今後の再生可能エネルギーを活用した地産地消のまちづくりや人口減少を考えたとき、電力会社の販売量が将来的に増加することはもはや想定されないことだ。

電力の自由化をしさえすれば課題が解決されるものではない。しかし、太陽光発電など再生可能エネルギーの導入量に上限を設けることは、社会の低炭素化やエネルギー自給率の向上を促すためにも望ましい施策ではない。他国の制度も参考にしながら、複数の主体が協調的に議論し、供給責任を分担することが必要である。現在の枠組みに縛られることなく、長期的視点から、太陽光発電の大規模導入時の電力システムの望ましいあり方について、技術や仕組みづくりに今から取り組むべきである。

●まとめ

・太陽光発電が電力消費量の3割を供給する目標は、電力需給調整なしでは不可能。
・将来の電力需給調整の望ましいあり方は、現在の枠組みに縛られる必要はない。
・太陽光発電など、分散電源と電力網が協調した枠組みづくりが重要。

風力発電

大きな賦存量を活かす課題解決が必要

風力エネルギーは再生可能エネルギーの一つであり、二酸化炭素排出量の削減、国産エネルギー源の確保の観点から今後の導入に大きな期待が寄せられている。風力発電は風の力で翼を回し、その回転運動を利用して発電する技術である。風のもつ運動エネルギーは風を受ける面積に比例し、風速の3乗に比例して増える。このため、風力発電を少しでも風況のよい場所に設置することや、大きい翼で効率よく風を受けることが重要である。

現在、発電目的の風車としては、容易に大型化できるプロペラ型の水平軸風車が主力となっている。このほか、風向きを選ばずに発電する垂直軸タイプなどさまざまな種類の風車がある。

風力発電は国内外で着実に導入が進んでいる。世界風力会議（GWEC）の統計によると、2005年末時点における世界の累積導入量は約5900万キロワット（kW）であった。2010年末時点における世界の累積導入量は出力換算で約1億9400万キロワットであり、5年間で3倍以上に増加した。2005年末時点での累積導入量のトップ3はドイツ、スペイン、米国であったが、2010年末時点で世界最大の導入国は中国である。中国は、2005年以降世界でもっとも積極的に風力発電の設置を進めてきた。その結果、2009年にスペイン、ドイツを一気に抜き世界2位、2010年には約1650万キロワット分の新設により累積導入量は約4200万キロ

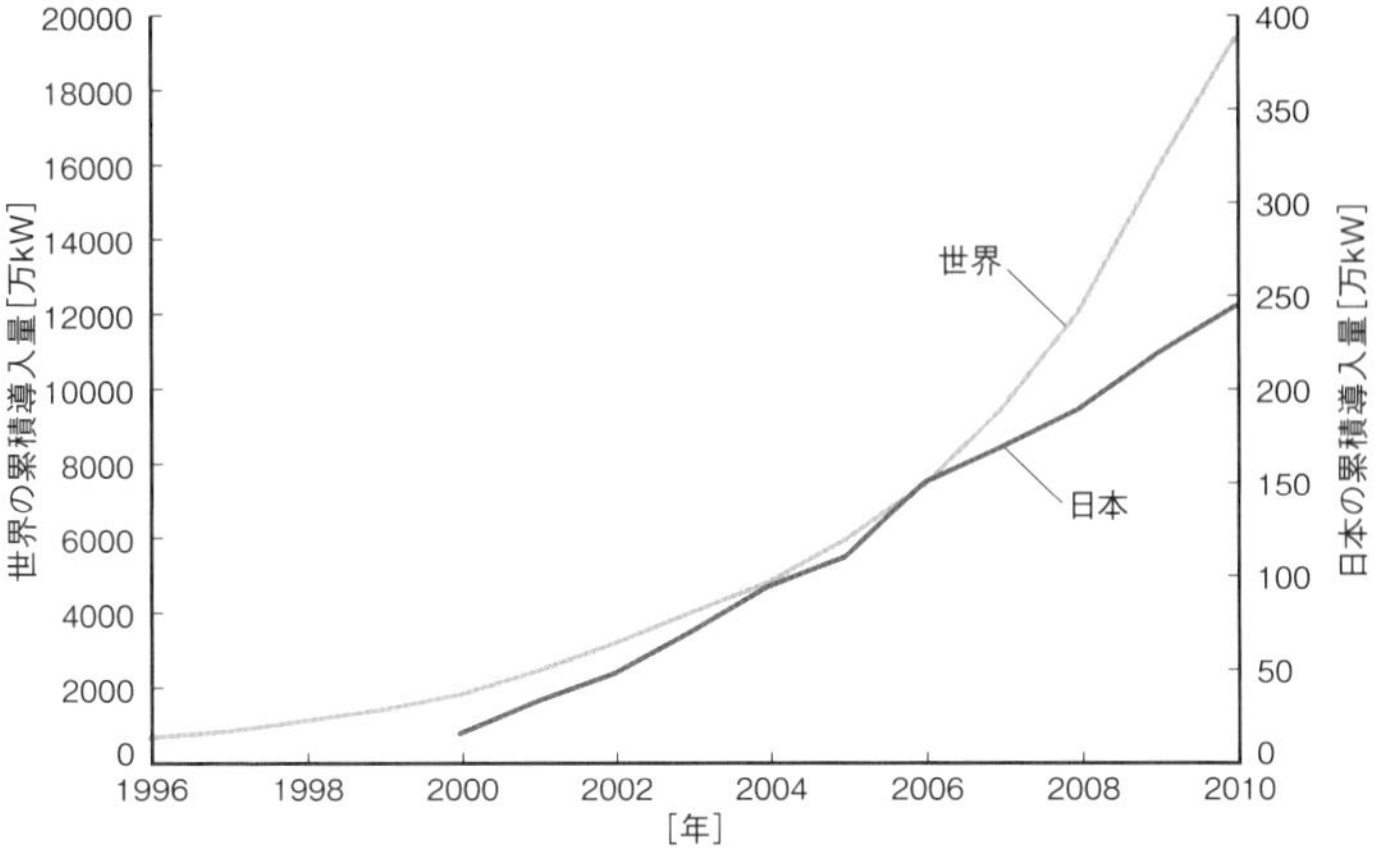

風力発電の累積導入量

（注）世界の導入量は暦年末、日本は年度末ベース。

［世界風力会議、日本風力発電協会の資料より作成］

ワットとなり、米国を抜いて世界最大の風力発電の導入国となった。

一方、日本風力発電協会（ＪＷＰＡ）によると10年度に国内で新設されたのは約26万キロワット分で累積導入量は約２４０万キロワットである。国内では、風力発電で発電した電力の買い取り制度の整備が遅れていたが、２０１２年から全量買い取り制度が実施される予定であり、今後の導入が容易になると見込まれる。日本では、台風や雷など災害に耐える設備にするためコストが増えることや、風力発電を設置する土地の確保が困難なこと、風況のよい地域が偏在していることが導入を進めるうえで課題となっている。また、大規模に設置されたときには、風の強弱による出力の変動が電力供給に影響することが懸念されている。２０１１年９月末段階では、電力網への風力発電の接続量の上限（連係可能量）が428・5万キロワットと十分ではなく、全量買い取り制度がはじまったとしても導入促進効果が限定的である。今後、出力の不安定性を前提とした電力網のあり方の議論が必要である。

これらの課題のうち、とくに土地の確保はこれからの大規模導入に向けて慎重に考えるべき課題である。山間部への建設には、送電網の整備、巨大な建材の搬入路の新設や拡張工事による森林伐採が必要になる。津波により被災した東北地方の沿岸部に建設するには津波対策も考えなければならない。住宅地の周辺に建てる際には、騒音に加え、100ヘルツ以下の低周波音や20ヘルツ以下の超低周波音の対策が課題である。現在、一般的な低周波音問題については、環境省により目安となる参照値が定められている。現在の参照値は90％の人が寝室で許容できるレベルを示しており、逆に言えば10人に1人は許容できない値だ。一方、この参照値は風力発電にそのまま適用することができるものではない。「風力発電施設から発生する騒音・低周波音の調査（平成21年度）」ではどのような周波数での騒音・低周波音が出ているのかが調査された。「風力発電施設に係る騒音・低周波音の実態把握調査（平成22年度）」では騒音・低周波音に関する苦情の有無の実態把握が進められた。それらを踏まえ、今後、人への影響評価に関して研究が進められる予定だ。二酸化炭素排出が少なく、国産のエネルギーである風力発電を導入し、暮らしやすい環境も維持できる基準の明確化が重要である。

これまで風力発電は、資源制約などを受けにくく、発電コストも比較的安価であり、立地を確保できれば政策により大きく推進可能であった。今後は、世界的な導入拡大傾向のなか、風力発電の発電機中の永久磁石に用いられる希少資源の確保にも注意が必要である。ネオジウム・ジスプロシウムなどの希土類元素が用いられるタイプの導入拡大が進むと想定されるため、それらの元素の確保や代替材料の開発が重要である。国内で風力発電を導入する余地が大きいことは間違いない。また、風車産業は雇用を創出するなど地方経済への貢献が期待される。今後の原子力発電の減少が見込まれる日本における風力発電の位置づけは高まるであろう。現在直面する課題を解決し、国土が狭く災害の多い日本に適した風力発電のあり方を模索していくことが必要である。

●まとめ

- ・風力エネルギーは大きな賦存量。
- ・普及に向けて、制度づくりに加えて土地確保が重要。
- ・大規模普及時には、磁石に用いられる希少資源の確保も必要。

風力発電の将来

今後の普及は「洋上」の拡大がカギ

環境省が2011年4月に公表した「再生可能エネルギー導入ポテンシャル調査」（2010年度版）で、風力発電を国内で導入する余地の大きいことが報告されている。売電の単価や技術進歩などさまざまな前提を考慮したとき、風力発電の導入可能量は出力換算で約2400万キロワット（kW）（現在の約10倍）から、最大で約4億1500万キロワットと推計されている。近年の日本の最大電力需要は夏の昼間で約1億8000万キロワットである。風力発電の実際の年間稼働率が低いことを勘案しても将来の大きな寄与が期待できるといえる。

一方、この調査では、実際にいつまでにどれだけ導入されるのかの展望については不明瞭である。そこで日本での風力発電の導入実績に基づいて将来を予測してみた結果を図に示す。これまでの導入実績から予想される年間導入量や設備の寿命（20年に設定）を基に推計した。この結果、風力発電を普及させる現在の努力を継続していけば、2050年には3000万キロワットを超える導入量を見込めることがわかった。立地の問題や騒音・低周波音の課題が解決され、電力買い取り制度が2012年度から開始されることを前提とすれば、さらなる導入加速が見込まれる。

風力発電は導入適地が偏っており、北海道や東北地方が中心である。たとえば2000万キロワットの風力発電が日本に導入されたときを想定してみると、日本全体の電力供給力に対しては約

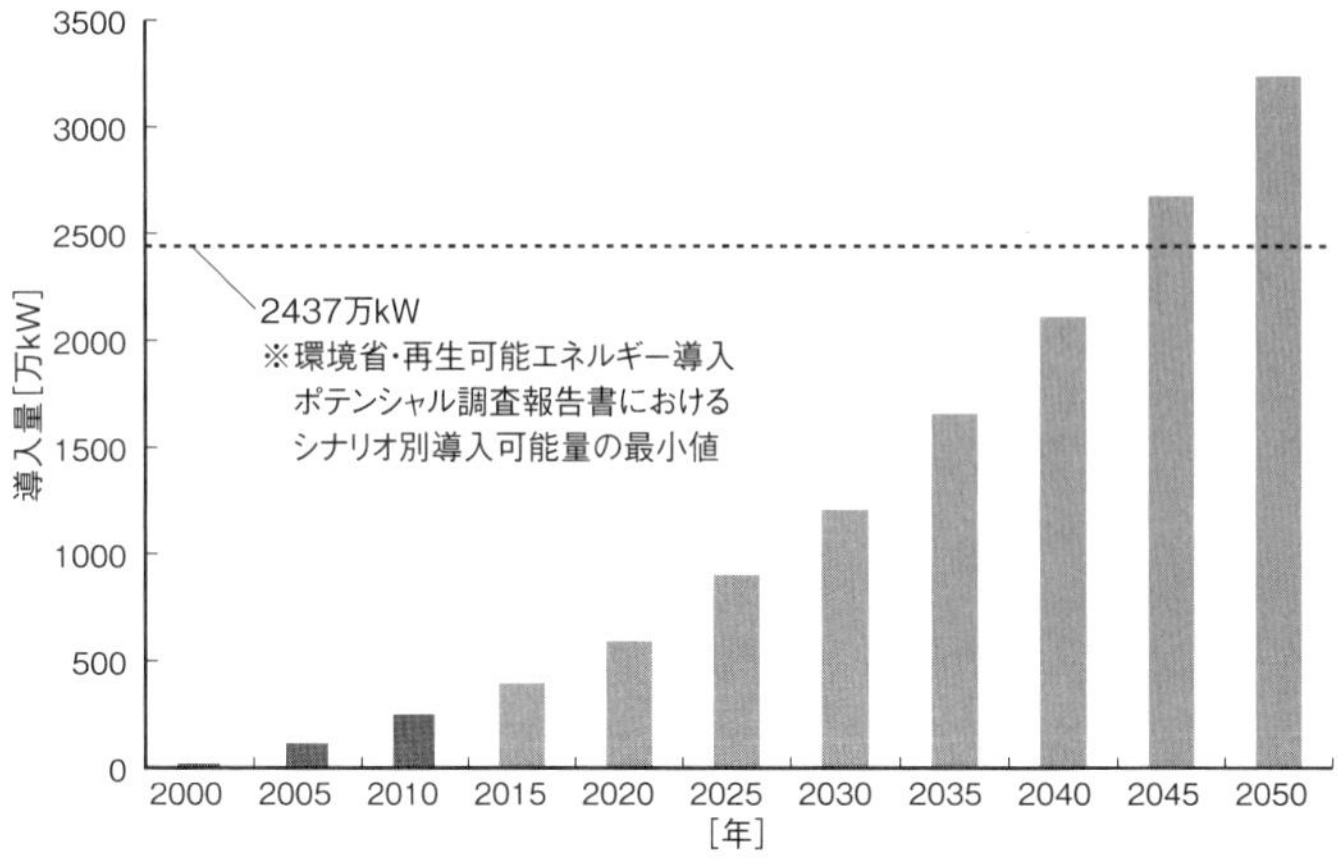

国内での風力発電の導入予測
（注）2010年度までは日本風力発電協会調べによる実績値。

10％であっても、導入適地である北海道・東北に電力を供給する北海道電力と東北電力の電力供給力にほぼ匹敵する規模となる。風力発電の大規模な普及のためには、広域的な電力網の連系を議論すると同時に、電力系統を安定させる技術を開発してその普及を進めることが必須である。北海道と東日本は同じ50ヘルツであるが、北海道から本州へ送電する際、一度直流に変換しているため送電の容量に限界がある。現在、交流のままで東京電力管内まで送電できるよう計画が進められており、実現すれば普及拡大の要因の一つとなる。

　大規模な普及を進めるうえで期待されているのが、海の上に風車を設ける洋上風力発電である。国内では、北海道せたな町や茨城県神栖市に洋上風力発電所がある。茨城県神栖

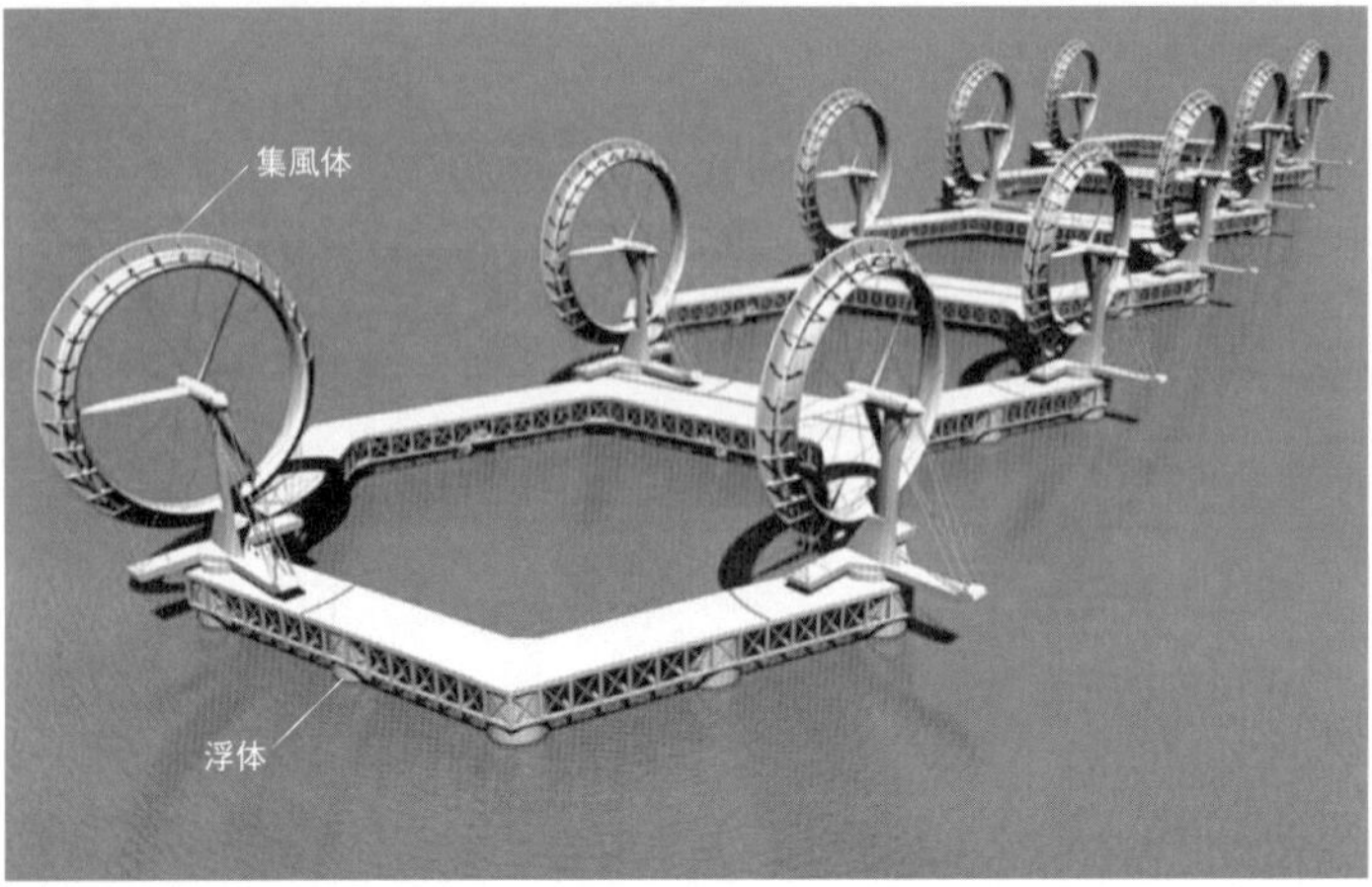

浮体型風レンズ風車の模式図

［福岡市会見資料（平成 23 年 7 月 21 日）より転載・加筆］

市の7基の洋上風力は東日本大震災のときも5メートルの津波に耐えて無事に発電を継続している。洋上風力発電に関しては、潜在的な導入量が莫大であると期待されるものの、まだ開発の初期段階にある。洋上風力発電には着床式と浮体式がある。着床式は、海底に支持構造物を設置するタイプで、コスト高や水深の浅い場所しか設置できないことが課題である。浮体式は、風力発電を海の上に浮かべるもので、水深の影響は少ない。浮体式は、２０１１年から将来の導入に向けた本格的な調査が開始されたばかりであり、今後の技術の確立が待たれる。

騒音・低周波音や風況に関する課題を解決する風車の開発もされている。その一つが、風車の翼のまわりに簡単な構造の集風体をつけた風レンズ風車と呼ばれるタイプの風車である。集風体により、弱い風でも大きな出力が得られ、風向きによらず翼が風上を向く。また、騒音・低周波音が低減され、鳥が翼に飛び込むバードストライクなどの抑制も容易である。２０１１年、博多湾において、浮体型の風レンズ風車の洋上設置の実証試験が開始された。

技術の実証や低コスト化を進めると同時に、海洋権益に関する基本法である「海洋基本法」などにおける洋上風力発電の位置づけや、騒音・低周波音の生物への影響評価も含め、漁業などと共存できるように関連法を整備することも今後の課題である。

●まとめ

・国内の風力発電適地は陸上は北海道・東北に偏在。
・洋上風力には着床式と浮体式が存在。
・新しいタイプの風車の開発も活発化。

地熱は国産の安定した自然エネルギー

地熱発電は1000〜3000メートルの地下まで井戸を掘り、マグマによる熱を蒸気の形で地上にくみ上げ、タービンを回転させて電力を得る発電方式である。ほかの再生可能エネルギーと異なり、天候に左右されず安定してエネルギーを供給できる。日本は複数の火山帯があるため世界的にも有数の豊富な地熱資源をもっている。自然エネルギーを利用した発電所では水力に続いて実用化の歴史が長く、1966年に運転を開始した松川地熱発電所(岩手県八幡平市)がもっとも古い。地熱は、火山帯に位置するので東北電力と九州電力の管内に偏在しているが、資源量からみて、とくにこれからは東北地方における地熱の利用が期待できる。

しかし、1997年に，地熱が新エネルギーから除外された結果、地熱開発に関する国の予算が激減してしまった。その結果、電力の潜在的な供給量は大きいものの、2000年以降に新設された地熱発電所はなく、今のところ、合計53・5万キロワット（kW）の設備容量にとどまっている。

計画から発電開始までに必要な期間が長く、維持管理に費用がかかることから現在の発電コストは1キロワット時当たり約20円である。ただし再生可能エネルギーのなかではもっとも安い。資源エネルギー庁は、2020年頃には条件のよいところで1キロワット時当たり10円を実現することも可能との報告をしている。また、減価償却の終わった地熱発電所では、すでに1キロワット

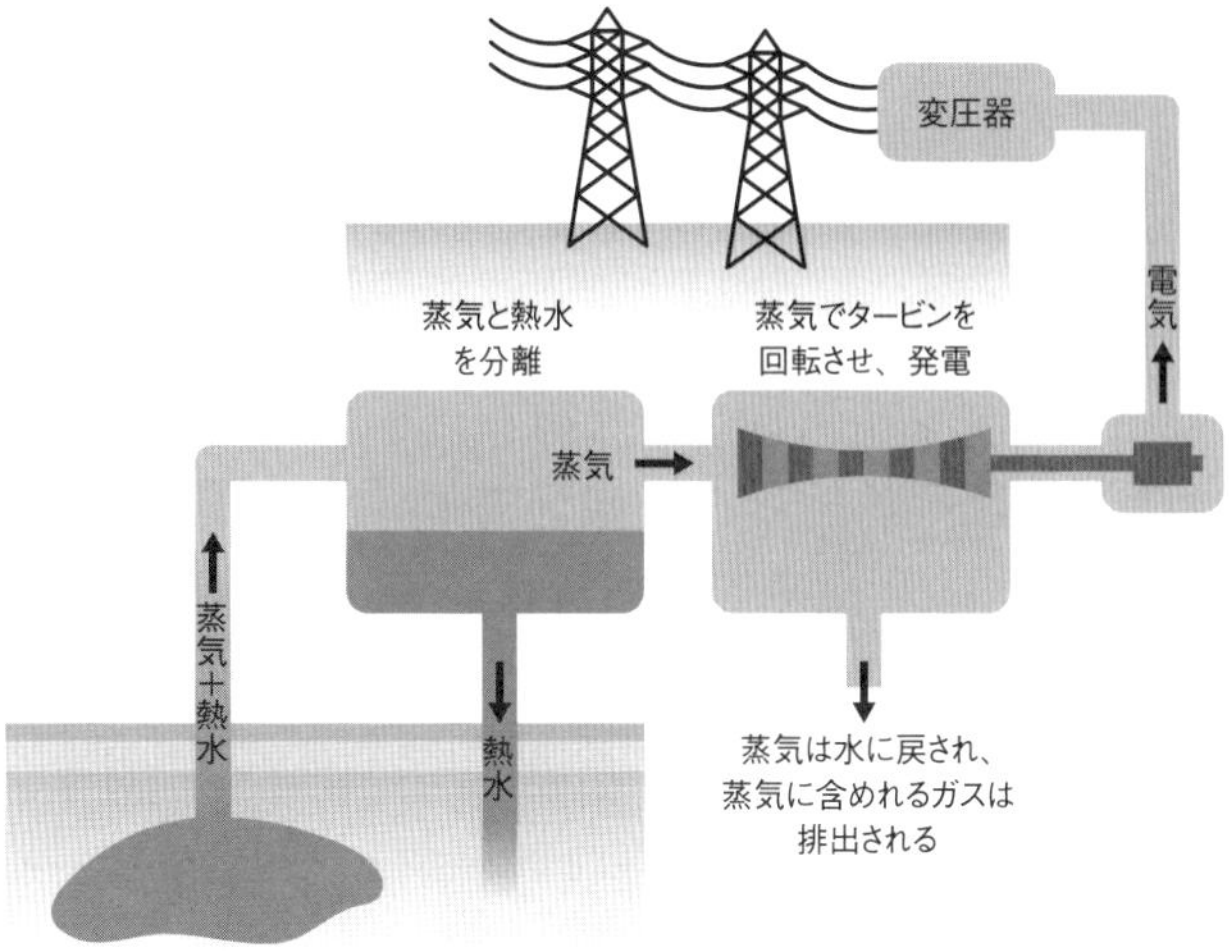

地熱発電のしくみ

時当たり7円を達成した例もある。設備容量として20年に119万キロワット、30年に188万キロワット以上を期待できるとの調査結果もある。震災後は、とくに我が国固有の自然エネルギー源として地熱発電を見直す機運が高まっている。

潜在的な供給量が大きいにもかかわらず地熱発電の開発が進んでいないのは、国立・国定公園内の開発規制と温泉事業者からの反発による。日本では地熱発電所の立地候補の80％以上が国立・国定公園内にあり、工事・建設が規制されている。このため、公園内の開発規制から逃れるために、公園の外側から斜めに井戸を掘る工法などが検討されている。しかし、このような現在の法規制を前提にした対策ではなく、自然環境と景観を損なわないことを前提に開発規制を緩和して、国立・国定公園内であっても発電所を設置できるようにすることが本筋の解決策であろう。また、温泉事業者は地熱発電用の井戸を掘ることで温泉が枯渇するのではないかと強い不安を抱いている。温泉事業者に対しては、十分な探索を行い、その結果を速やかに情報公開するなど理解を得るように努力すること、それでも万が一、温泉に影響が出た場合には十分な補償を準備しておくなど温泉業者に安心を提供し、開発を理解してもらうことが必要である。

「地熱」は火山帯を深く掘り、高温の蒸気や熱水を地上に汲み上げて利用するが、これに対して10〜15メートルの浅い地下にある、つまりどこにでもある地中の低温の熱エネルギーを「地中熱」と呼び、これを利用した空調や無散水式の融雪システムなどの技術が開発されている。地下10〜15メートルの深さでは、地中の温度は年間を通して一定でその地域の平均気温と等しくなる。このため、地中熱と大気の熱を交換することで、夏には大気の熱を地中に吸収させることにより冷房を、冬には地中の熱を大気にくみ上げることにより暖房を行うことができる。ランニングコストが安く、CO_2を排出しない熱源であるため注目を集めているが、設備コストが高いことが難点であった。最近、設備導入に対する補助金制度もはじまり、羽田空港の新国際線ターミナル、東京スカイツリーなど大規模施設での地中熱利用が広がりつつある。

●まとめ

・日本は世界的にも有数の地熱資源国。
・地熱発電を広めるには、規制緩和、情報公開が重要。
・どこにでもある地中熱も魅力あるエネルギー資源。

バイオエタノール

バイオエタノールは地域経済の活性化のために

植物由来のバイオマス（生物資源）は、空気中の二酸化炭素（CO_2）を原料として太陽エネルギーを利用して生産される。このためバイオマスは、燃焼しても大気中の二酸化炭素濃度を増やすことにならない、カーボンニュートラルなエネルギー源とされている。

バイオエタノール（バイオマスエタノールともいう）は、サトウキビ、トウモロコシなどさまざまな植物由来のバイオマスから発酵技術を活用して生産され、ガソリンに添加されて使われている。

日本では、輸入のほか、宮古島でサトウキビの搾りかすの廃糖蜜を原料として、北海道バイオエタノール株式会社（札幌市）がてん菜、規格外小麦を原料として、バイオエタノールが生産されている。後者は年間1万5000キロリットルと国内最大の生産量であり、石油精製会社に引き取られている。石油精製工場では、イソブテン（炭素数4つからなる炭化水素の一種）と反応して、エチルターシャリーブチルエーテル（ETBE）が合成され、ガソリンに添加されてバイオガソリンとして販売されている。

バイオETBEを混合したバイオガソリンは2007年4月から東京近郊を皮切りに販売がはじまり、石油連盟によれば、2011年12月10日時点でバイオガソリンを販売しているガソリンスタ

バイオエタノール生産時に投入するエネルギーを1としたときの、バイオエタノール製造によって獲得できるエネルギー

原　料	エネルギー
サトウキビ（ブラジル）	7.9
トウモロコシ（米国）	1.3
バガス、廃糖蜜*（インド）	32 ～ 48

＊バガス、廃糖蜜はサトウキビの搾りかす
［御園生誠，"新エネ幻想"，エネルギーフォーラム社（2010）より作成］

ンドの数は約2560カ所となっている。

バイオエタノールを生産するには、原料のバイオマスを生産するために、農業機械の燃料と、肥料や農薬を生産・輸送・散布するためのエネルギーの投入が必要となり、これらは化石資源により賄われる。CO_2削減効果を議論するには、バイオエタノールのもつエネルギーから、生産時に投入される化石資源からのエネルギーを差し引く必要がある。表によれば、米国のように高度に機械化された農業を行うと獲得エネルギーがほとんどなくなる。インドでは機械化が進んでおらず、その結果生産時に投入するエネルギーに対して獲得できるエネルギーが大きい。

ブラジルは、1973年の第一次石油危機以来、サトウキビからつくられるバイオエタノールの、自動車燃料としての利用を推進してきた。1980年からは100%エタノールを燃料とする自動車が市販されている。ブラジルでは、サトウキビの絞り汁を直接発酵させバイオエタノールを生産するので効率がよく、またガソリンと十分に競合できる低価格で供給できるので、自動車用燃料としてのバイオエタノールは大規模に利用されている。現在

は、サトウキビからの砂糖の生産とバイオエタノールの生産が半分ずつであるが、エタノールの生産の伸びが著しい。エタノール生産の拡大に伴う農地の拡大は、CO_2削減とは別の環境破壊を生み出すことも指摘されている。

東京大学の御園生誠名誉教授によれば、バイオエタノールから得られるエネルギー量は、農地と同じ面積の太陽光発電とを比較すると約30分の1以下であり、世界の穀物をすべてエタノールに変換したとしても、世界のエネルギー消費の約4％程度に過ぎない。

宮古島におけるバイオエタノール生産の例では、砂糖を生産した後の廃糖蜜を利用しており、生産量は島外に販売するほどは大きくないので、今のところ島内での消費が主である。サトウキビは宮古島の基幹農作物であるので、砂糖をつくる過程で生成するバガス（搾りかす）や廃糖蜜などの副産物を総合的に有効利用して循環型の技術体系を構築することによって、地域経済の活性化を目指している。

このようにバイオエタノールの生産と活用は、ほかの再生可能エネルギーの活用策と十分に比較検討したうえで、地域の振興策などと組み合せて実施されるのが望ましい。

●まとめ

・バイオエタノール製造によって獲得できるエネルギーは、生産時に投入するエネルギーに強く依存。

・世界の穀物をすべてエタノールに変換したとしても、世界のエネルギー消費の約４％程度。

・地域経済の活性化策などと組み合せて評価すべき。

バイオディーゼルの可能性

バイオマスを再生エネルギーの原料としてみなす場合、バイオエタノールに加えて、バイオディーゼル燃料（ＢＤＦ＝Bio Diesel Fuel）があげられる。代表的なＢＤＦは油脂を原料として製造される。油脂はグリセリンと有機酸（たとえば酢の原料である酢酸）が結合したものである。アルカリを触媒として用いて、油脂中の有機酸とメタノールを結合させる（揮発性の高いエステル）ことで合成する。その際にグリセリンが副産物として生成する。欧州のＢＤＦのほとんどがこの種類である。全世界の油脂類生産量は、年間１・３億トンである。内訳はおもに大豆油の０・３億トンとパーム油の０・３億トンであり、すべて食用用途なので、利用した後の廃食用油を原料として利用する。

一般に、ＢＤＦと呼ばれているが、製造時に用いるメタノールは天然ガスを原料として得られる一酸化炭素を50〜１００気圧、約２５０℃で水素と反応して生産される。そのためバイオエタノールと異なり、含まれる炭素の３割程度は化石資源由来であることから「バイオマス度7割の燃料油」または「化石資源含有ＢＤＦ」が正しい表現である。また、ＢＤＦを燃焼して得られる熱量からメタノール合成時の消費熱量を差し引いた値を「利用できる熱量」とすべきであろう。このＢＤＦの生産可能量は、国内では家庭から排出される20万トン（外食産業から排出される30万トンは飼

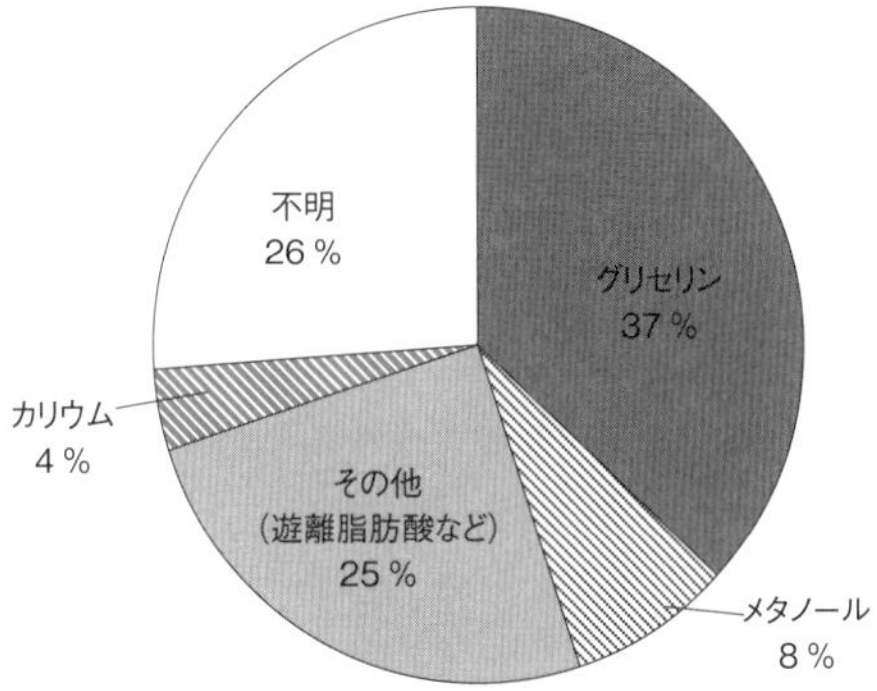

廃グリセリンに含まれる各成分（重量比）

料や工業用として再利用されている）のみであり、軽油需要量の３５００万トンの１％にも満たない。さらに、石油から得られる燃料と異なりＢＤＦの分子には酸素が含まれるので、時間がたつと徐々に酸化が進行して燃料自体が劣化する。その状態で車に利用するとエンジン内に炭素質の固形物が付着するため、軽油への混合割合は５％以内に規制されている。そこで、酸化安定性を向上する目的でＢＤＦに含まれる酸素原子を水素処理によりＢＤＦ分子から除いた「水素化バイオ軽油」が提唱されているが、利用する水素は依然として化石資源から製造される。

ＢＤＦを導入する際に、もっとも問題となる点は、製造時にグリセリンが37％、各種脂肪酸25％、その他カリウムや多様な有機物を含む「廃グリセリン」と呼ばれるヘドロが副生することである。その量はＢＤＦの生産量とほぼ同量であり、法律で製造工場の敷地外へ搬送できないために工場内で燃焼処理されている。

以上のように軽油代替燃料としてＢＤＦを社会システム

に導入するには、人口が密集した地域でゴミ収集の分別に廃油の項目を加えて、その地域の公共設備でBDFを消費することが合理的である。また、事業性を確保するには廃グリセリンから有用な化学物質を製造する化学プロセスの開発が必須である。前者のみであれば、BDFを消費して走る車は二酸化炭素とともに、別の所で同量のヘドロ（廃グリセリン）を排出することになる。次項「多様な廃棄物（廃材から畜産糞尿・生ゴミまで）の資源・エネルギー化の可能性」で紹介する生ゴミを畜産糞尿のメタン発酵槽に投入することでバイオガスの発生量を著しく向上させる実証試験では、廃グリセリンもメタン発酵の原料として利用できることがわかっている。このようにBDFを燃焼する部分だけで優劣を判断するのではなく、BDF製造時も含めた社会システム全体で最善なバイオマス利用を考えるべきであろう。

●まとめ

・非可食の廃油がおもなBDF原料の対象となるため、日本国内では大都市に限定され、燃料油としての効果はきわめて限定的になる。
・原料の収集の観点から、BDF製造は中小企業が行っている。廃グリセリンを排出元工場から資源化する工場へ搬送することが、法律で禁止されていることがBDF製造の事業性を抑えている。
・中小企業の敷地内で、実施可能な廃グリセリンの転換技術が開発途上である。

非可食の生物資源

多様な廃棄物（廃材から畜産糞尿・生ゴミまで）の資源・エネルギー化の可能性

油脂やデンプン以外に化石資源代替燃料として利用できる非可食のバイオマスとして、木質バイオマスと家畜糞尿が真っ先にあげられる。木質バイオマスは含まれる水の量（含水率）が10％と少なく、燃焼時の発熱量は1キログラム当たり4000～5000キロカロリーにもなる。東日本大震災では地域社会を壊滅する甚大な被害があまりに多くの人に降りかかり、1日も早い復興のため多くの努力がされている。その一つとして廃材の処理があげられているが、放射性物質の付着の問題もあるため有効な処理が進んでいない。家畜糞尿は含水率が95～99％にもなるため、そのままでは燃焼することはできない。ただ、乳牛1頭から1日55キログラムの糞尿が排出されるため北海道だけでも年間1800万トンになる。その6～7割は施肥され、残りは窒素分の富栄養化を避けるために処理対象となるが有効な方法が見出されていない。これらを化石燃料代替エネルギーとして利用するには社会システムの観点から考える必要がある。

木質バイオマスについて、固形であるがれき（廃材など）から直接放射性物質を除去することは難しい。そこで、まずがれきを水と反応（ガス化）して一酸化炭素と水素にする。この混合ガスから燃料油を合成する（同様のプロセスが南アフリカやマレーシアで稼働しており、カタールでは天然ガスから燃料油を3000万キロリットル生産する計画が進んでいる）。バイオマスから燃料油

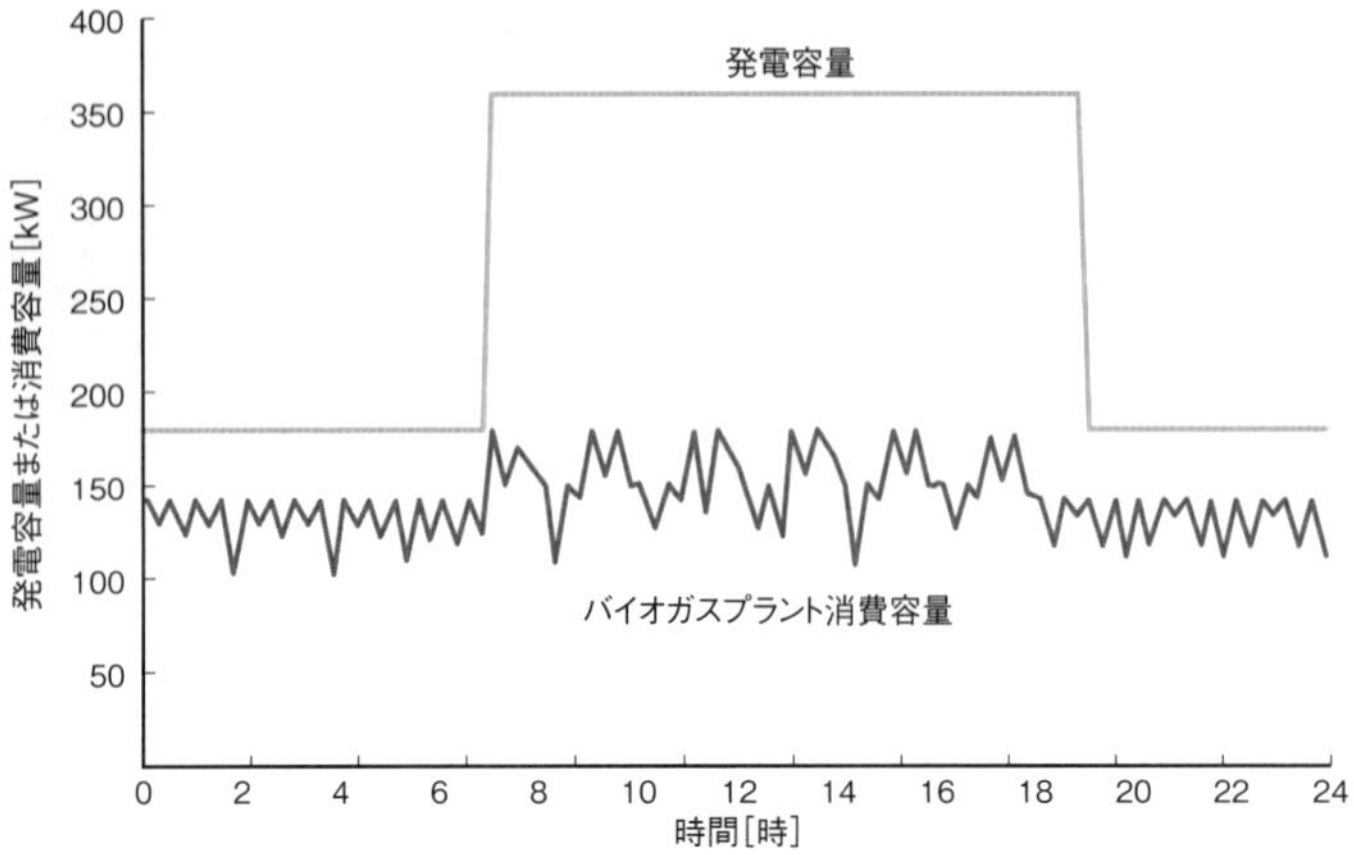

レシプロエンジンを用いた発電機を備えたバイオガスの発電容量の変化

を製造する意味からＢＴＬ（Biomass to Liquid）と呼ばれる。廃材などのがれきに含まれる放射性物質は、ガス化する際に燃料灰として回収したり、燃料油から吸着などの手法を使ったりして分離できる可能性が高い。また、ガス化時に残る微量の固形残渣にも放射性物質を取り込める可能性がある。このようなプラントを震災地域に建設し、廃材から製造した燃料油をほかの地域に搬送することも考えられる。また、原料として草も含めて多様なバイオマスを用いることができることも特徴であるため、コストはまだ高いが、震災復興に貢献できるプロセスと考えられる。

家畜糞尿については、含水率がきわめて高いため、メタン発酵によりバイオガスを生産して発電に利用（バイオガスプラント）されている。畜産農家が抱える問題を解決するには余剰窒素分をアンモニアとして回収することが必要である。また、北海道経済産業局ではバイオガスプラントを地域の生ゴミ処理施設と見なし、生ゴミを畜産糞尿のメタン発酵槽に投入すると、バイオガスの発生量が著しく向上することが実証されている。従来、化石燃料を消費して生ゴミを燃焼処理する代わりにエネルギーとして利用するものであり、畜産農家を地域の生ゴミ収集・処理施設に変貌するものである。さらに、生み出される電気はバイオガスプラントのみならず周辺家庭へ電気を供給できる合理的な社会システムを描くことができる。

この社会システムを実現するためには、バイオガスプラントから発生するバイオガスから有効に発電する技術が必須である。バイオガスの発生量は昼夜のみならず一年を通じて大きく変動する。我が国のバイオガス発電機はガスエンジンを除いて、ほとんどはドイツ製のレシプロエンジンで動いている。規格の多くは１００～１５０キロワット（kW）時であるため、これを利用することができる畜産農家は限られるとともに、バイオガス（通常、メタンが55～60％含まれる）の発生量が冬季に少なくなったり、メタン濃度が下がると停止してしまう。

最近になってロータリーエンジンも用いた国産の発電機が開発されており、出力は５～40キロワット（およそ20軒の家庭の消費電力）で可変であり、メタン濃度が50％近くに低下しても駆動する。このことは１００頭規模の中小酪農家でもバイオガスプラントを備えて地域の生ゴミ収集施設に変貌する可能性を示唆している。また、メタン発酵が進むことで糞尿中の窒素分はアンモニアに変換される。空気を発酵槽中に送入する（曝気する）ことでアンモニアはガス中に取り出して回収することができ、このアンモニアは常温で10気圧の圧力で液体アンモニアとすることができる。その場に燃料電池を設置することで、周囲の地域へのエネルギー供給のための原料となり、また、発酵槽ではアンモニア中に含まれる窒素分を低減することができることから、発酵液を全量肥料とすることが可能となる。このように悪臭や糞尿のために阻害されてきた畜産農家が、地域のなかで必須の存在に変貌できる可能性が高い。

このように、バイオマスから最終製品として何を得るかを正しく選択することで社会システムに密着した産業を創出することが可能である。ただ、廃棄物は、それが発生する場所で処理しなくてはならず、廃棄物を別の自治体に移動することは法律で禁止されている。廃棄物を資源・エネルギーに利用する際には、排出するその場所で利用できる技術の開発が求められることに注力しなくてはならない。

まとめ

- 産業廃棄物は排出元からほかの場所に移動することは法律で原則禁止されている。
- 生ゴミや畜産糞尿を自治体を超えて搬送するには、搬出先のみならず単に通過するだけの自治体の許可（費用が発生する）が必要である。
- 右記の理由から資源化に利用できる技術が制限される。とくに石油化学で積み上げられた水素を利用するなどの技術は適用できない。
- 資源有効利用を目指した社会システムをつくるために、廃棄物を搬送できる広域特区制度の制定が必要である。

燃料電池

家庭用で世界をリード、集合住宅への導入や自動車用への展開にも期待

火力発電所では、化石燃料をボイラやタービンで燃やし、一旦熱エネルギーにした後、電気エネルギーへと変換している。燃料電池は燃料を燃やさずに電気や熱エネルギーへと変換する技術である。古くはアポロ計画における宇宙用の電源として活用されてきた。近年では、小型でも高効率であり、騒音もなく排出ガスもきれいであるなど、自動車や家庭への導入に向けて技術開発がなされてきた。

家庭用燃料電池は２００９年に「エネファーム（ＥＮＥ・ＦＡＲＭ）」の統一名称で発売された。最新の火力発電所では１００のエネルギー量をもつ燃料から53の電気がつくられ、残りが排熱となる。発電所の電気は変電所・送電線を経由した配電の際にロスが生じ、およそ48の電気が家庭に届けられる。これに対して、ガスから水素を取り出し酸素との化学反応で発電するエネファームでは、発電時の廃熱も利用するため36の電気と45の熱（お湯）が家庭に供給される。火力発電所では利用されていない熱を、家庭に設置される燃料電池では利用できるため、燃料のエネルギーをより有効に利用できる。現在では都市ガスまたは液化石油ガス（ＬＰＧ）をエネファームに供給し、その場で水素を取り出すタイプが中心である。北九州市では、水素を直接エネファームへ供給するタイプの実証もはじまった。製鉄所で副生される水素をパイプラインで供給する。１キロワット

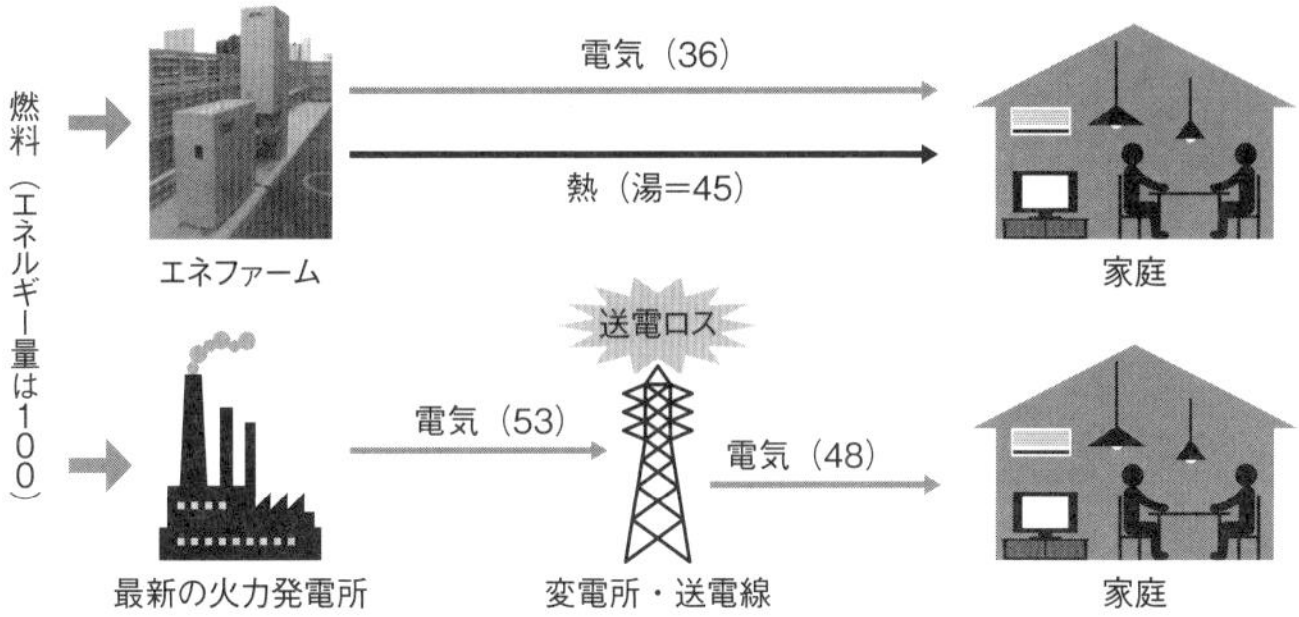

家庭用燃料電池のエネルギー効率
（ ）内の数字はエネルギー量を示し、水蒸気の発熱量まで含む高位発熱量ベースである。

（kW）級12台、3キロワット級および100キロワット級を各1台の計14台の燃料電池を集合住宅や商業施設、公共施設に設置し、実証が進められている。

最初に市販化されたタイプのエネファームには高分子電解質を使った固体高分子形燃料電池が用いられている。エネファームの販売価格は当初、約350万円で、購入時には140万円の補助金が利用できた。2011年度からは、約280万円で販売されている。この価格低下は当初1キロワットだった発電容量を750ワットへと小形化したことや部品点数の削減など、家庭での運用に合わせたシステムの最適化と技術の進展による。

発売した2009年度は約5000台、2010年度は約7000台が販売された。2011年度は震災による関心の高まりもあり、当初補助金が105万円で、約8000台分が7月7日までに受注された。その後、補助金は85万円と減額されたものの追加され、順調な導入が進んでいる。また、エネファームを導入した家庭向けのガス料金プランなど、本体を導入した後の優遇制度も整備されており、今後ますますの普及が期待される。

今後の課題は、低価格化や非常時の自立運転もさることながら稼働率の向上だ。現在のシステムは熱（お湯）の需要に合わせて運転しており、夜間など発電していない時間帯もある。この課題を解決するには、電気の供給比率を高めるための発電効率の向上や、需要変動の大きい個別家庭でなく需要が平均化する集合住宅などへの設置が有効である。実際に活発な技術開発が進んでおり、集合住宅への導入も検討されている。

自動車など移動体用の動力としての燃料電池の開発も活発で、当面のターゲットはフォークリフトである。北米では本年中に２３００台の販売を目指している。国内では実証が進められている段階で、その先の本命は燃料電池自動車である。現段階では、２００８年よりリース販売を開始したホンダのＦＣＸクラリティ（ＦＣＸ Ｃｌａｒｉｔｙ）の完成度が群を抜いており、国内外の多くの賞を受けている。２０１５年の一般向け商品化を目指し、世界各国でしのぎを削っている。

燃料電池自動車は、燃料電池と蓄電池の両方が搭載されるハイブリッド車として商品化を目指している。燃料タンクには、７００気圧の高圧タンクが用いられる見込みだ。７００気圧もの高圧での機器の信頼性や安全性はこれまでに事例は少ない。燃料電池自動車だけでなく、水素ステーションも含め、関連の民間企業がつくった製品を統一された規格として保証するための枠組みが大切である。国内では、水素エネルギー製品研究試験センターが２００９年に設立され、中小企業やベンチャー企業でも、大きな初期投資なく、自社の製品の安全性を試験・評価することができる環境が整った。2015年に燃料電池自動車が一般に販売され、社会に普及しはじめるかどうか、今後の数年間が大きな山場と思われる。

●まとめ

・家庭用燃料電池は日本が世界に先駆けて商品化。
・電気に加えて熱（お湯）も使えるため高効率。
・今後、集合住宅への導入は有効。
・自動車用燃料電池は今後数年間の研究開発がカギ。

新型燃料電池

発電効率に優れ、普及を加速

燃料電池には、家庭用の「エネファーム」に当初より用いられている固体高分子形だけでなくさまざまな種類が存在する。燃料電池は電解質の種類によって大別され、電解質の種類によって電池が動作する温度も異なってくる。

リン酸形燃料電池は固体高分子形にさきがけて1998年に商品化された。100キロワット（kW）規模などの、比較的大型の電力需要に対応したシステムとして工場や学校、オフィスビルなどへの導入実績がある。東日本大震災では医療介護施設など安定的に電力が必要となる施設への分散電源として寄贈、導入されるなど、改めてその存在に注目が集まっている。

固体酸化物形燃料電池は2011年10月17日に商品化された。価格は工事費を除いて270万円だ。第二世代のエネファームとして、活発な技術開発が進められてきた。家庭へ導入される固体酸化物形と固体高分子形のもっとも大きな違いは動作温度である。前者は800℃と高温で動作するため、後者に比べてさまざまなメリットがある。

その一つは燃料の処理を簡素化できることだ。固体高分子形は燃料に高純度の水素しか使用できない。エネファームの内部では、都市ガスや液化石油ガス（LPG）から高純度な水素を触媒により取り出すため高度な処理を行っており、エネルギーのロスやシステムの高コスト化につながって

各種燃料電池の比較

燃料電池	固体高分子形	リン酸形	固体酸化物形
電解質の材料	高分子	リン酸溶液	酸化物
動作温度	約 80 ℃	約 200 ℃	約 800 ℃
燃　料	高純度水素	水素	水素・都市ガスなど
商品化の時期	2009 年	1998 年	2011 年
発電効率	約 36 %	約 38 %	約 40 %

発電効率は燃料の発熱量を示す方式のうち、水蒸気の発熱量まで含む高位発熱量ベースである。

いる。一方の固体酸化物形では都市ガスやＬＰＧを直接、燃料電池のモジュール（複合備品）に導入し、その内部で改質することが可能でシステムを大きく簡素化できる。

もう一つのメリットは発電効率である。燃料の処理に必要なロスが減るため、最新の固体高分子形と比べて発電効率が４％（初代と比べて７％）高いシステムとして商品化されている。技術開発でさらなる発電効率の向上も期待できる。

システムのコンパクトさも注目される。エネファームは燃料電池ユニットと貯湯ユニットからなる。２０１１年12月現在、固体高分子形の重量はそれぞれ１００キログラム、１２５キログラム（貯湯ユニットはお湯なし時）である。これに対し固体酸化物形はそれぞれ90キログラム、95キログラムとコンパクトである。とくに貯湯ユニットは、固体高分子形の貯湯容量が２００リットルであるのに対し、固体酸化物形は90リットルと体積的にもコンパクトである。これは、固体酸化物形は高温で動作するため、貯湯温度も高くできるからだ。システムがコンパクトであるため、設置工事が容易になったり、従来設置できなかった場所への設置も可能になったりするなど、固体高分子形と比べ、有利な点が多い。商品化が開始されて間もないが、２０１１年度中に１０００台以上の販売台数の実現に向けて動き出しており、今後の大規模な普及に期待が寄せられている。

固体酸化物形は、家庭以外のさまざまな用途への応用にも期待されている。具体的には、移動体用の補助電源、業務・産業用途の熱・電気併給システムなどである。移動体用の補助電源としては、航空機への搭載や、電気自動車への搭載が検討されている。航空用燃料やガソリンなどを直接導入した発電ができるかどうか、研究開発が必要である。

業務・産業用途の熱・電気併給システムのうち、とくに産業用途の高効率化が今後の研究開発のターゲットで、そのカギとなる技術がガスタービンとの複合化技術である。固体酸化物形燃料電池で利用しきれない燃料や廃熱を、ガスタービンで用いて発電することで60％を大きく超える発電効率が期待されている。現在、技術の実証に向けた研究開発が進められている段階である。今後の技術実証を経た社会への導入の先には、固体酸化物形燃料電池とガスタービンに加えて、蒸気タービンや石炭のガス化などと複合した超高効率化の夢も膨らむ。

今後、国内の化石資源への依存度は短期・中期的に増加していく見込みである。化石資源の高効率の利用技術として、固体酸化物形燃料電池に寄せられる期待は大きい。

●まとめ

・さまざまな燃料電池の種類のなかでも、固体酸化物形は高い発電効率が期待可能。
・第二世代のエネファームとして商品化され普及拡大に期待。
・エネファームの高効率化に加え、タービン技術などと組み合せ、超高効率の実現に向け、今後の研究開発が重要。

蓄電技術（1）

大規模に電力をためる二次電池

電気をつくるだけでなく、電気をためる（蓄電する）ための技術も日本のエネルギーの将来像を検討するうえで欠かせない重要なポイントである。

たとえば、夜間の電力を余らせて蓄電する技術は、昼夜の電力の需給ギャップを平準化するためには必須である。これまでは、大規模に電気をためる手段に乏しいため、電気は需要に見合うだけの必要な量をリアルタイムに生産し供給してきた。夜間に電力の生産量の調整が難しい原子力、水力や石炭炊きの火力によって一定量を発電し、発電量を調整しやすい天然ガス炊きの火力発電をおもに昼間に用いて、変動する電力需要（負荷変動）に対応してきた。

将来、再生可能エネルギーや地域分散型の発電方式が普及して、電力系統にこれらの電源からの電力が大量に送電線に送り込まれる（逆潮流される）ことを想定すると、このような需要の変動のみならず、需要とは関係なく、天候に左右されやすい太陽光・風力などの発電設備からの電気の供給量が大きく変動することが想定される。そのため、電気が余ったときに大規模にためておく技術、すなわち蓄電技術を導入することが必要となる。

また、大規模に蓄電することが可能となれば、東日本大震災のように発電所が被災した場合に、一定の緊急時の電力供給を担うことができるかもしれない。したがって、防災上も蓄電設備の普及

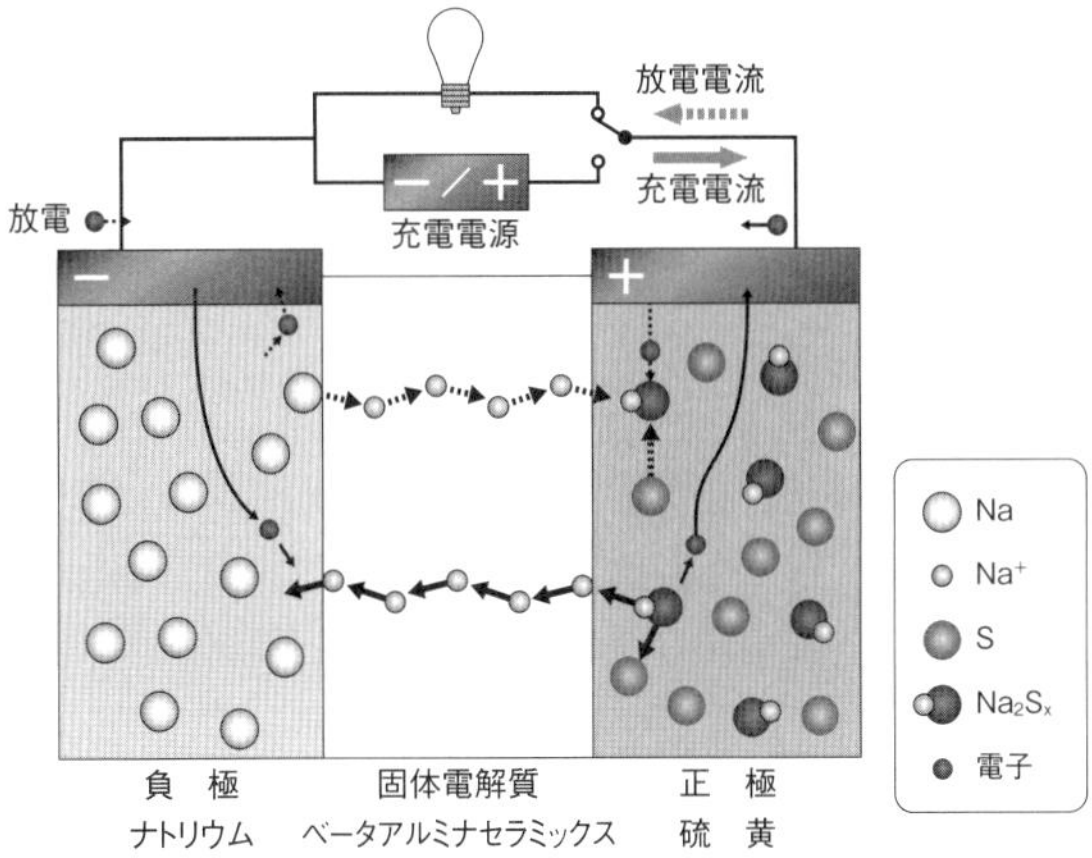

NAS電池の動作の機構
［日本ガイシホームページの図を基に作成］

が期待される。

大規模に蓄電できる設備は、現在は残念ながら揚水だけである。しかも、大規模に揚水発電所を有しているのは東京電力に限られ新規立地が難しい。さらに送電線が被災した場合の停電リスクを低減することを考えると、電力の需要地近くに、分散して蓄電施設を設置することが望ましい。

普及段階にある大規模蓄電池にはナトリウム・硫黄電池、通称NAS（ナス）電池がある。負極に金属ナトリウム、正極に硫黄、電解質にベータアルミナというセラミックスを用いており、動作温度は300〜350℃である。

図にはNAS電池の動作原理を示した。300〜350℃では、金属ナトリウムも硫黄も液体の状態にあり、これが固体の電解質によって隔てられている。放電時には、負極のナトリウムが電子を放出してナトリウムイオン（Na^{+}）になり、固体の電解質を通過して正極に移動する。このとき、外部回路を通じて負極から正極への電子が流れ、これが電力となる。正極の硫黄はナトリウムイオンと反応し、多硫化ナトリウム（Na_2S_x）へと変化する。充電時には、外部から電力が供給されることによって、放電時とは逆の反応が起こる。

ＮＡＳ電池は寿命が15年程度と長く、かつ、１キログラム当たり１１０ワット（Ｗ）時の電力をためることができる（リチウムイオン電池に匹敵する）ことから普及が期待されている。ＮＡＳ電池の製造には、セラミックスの高度な製造技術が必要で、現在のところ市場にＮＡＳ電池を供給しているのは日本ガイシ一社であり、年産15万キロワットの生産能力にとどまっている。ＮＡＳ電池で使われている金属ナトリウムはきわめて化学反応性が高く、火災事故も実際に起こっている。２０１１年末現在では生産設備が停止しており、原因究明と安全対策が早急に適切になされて、蓄電池製造が再開され、さらに供給能力が拡大されることを期待したい。

ＮＡＳ電池と同様に、電解質にベータアルミナを用いるナトリウム塩化ニッケル電池（通称ゼブラ電池）も大容量高温作動型の蓄電池であり、配送用やタクシーなど連続的な負荷がかかる商用の電気自動車向けに期待されている。

このほか、風力やメガソーラーなど比較的大きい自然エネルギーによる発電所からの電力供給が余剰となった場合には、これを使って水を電気分解して水素をつくり、貯蔵し、必要な時に水素から燃料電池などを用いて再度電力に変換する方式も提案されている。これには水の電気分解の高効率化のほか、水素輸送・貯蔵など技術的課題が多い。

●まとめ

・将来の安定した電力供給システムには大規模蓄電設備、蓄電池が必要。
・ナトリウム・硫黄（ＮＡＳ）電池は大規模蓄電池の有力な候補。
・ＮＡＳ電池の利用拡大には安全対策が重要。

小型分散システムによる蓄電

東日本大震災の後に停電が続いた被災地で、太陽電池を備えた家庭では昼間に限り電気を使うことができた。周囲の住民がそうした家庭に風呂などを使わせてもらったという話を聞く。このことを教訓にすれば、戸建て住宅や集合住宅に太陽光発電設備と蓄電設備を導入することにより、大規模な災害によって電力会社からの電力供給が遮断されても、1日中、生活に必要な最低限の電気を賄うことができる可能性がある。

大規模に集中した蓄電設備以外に、事業所や家庭、集合住宅などに分散して設置する蓄電池も将来のエネルギーシステムと街づくりに重要である。前項で紹介したナトリウム・硫黄（NAS）電池は大規模で大容量のタイプであるが、これ以外の蓄電池としては、定置型の家庭用電力貯蔵装置や、移動体（自動車）用の蓄電装置などがある。大家庭用電力貯蔵装置用には数キロワット（kW）時から十数キロワット時の、電気自動車用には十数キロワット時から数十キロワット時の出力をもつ蓄電池が必要となる。

また、水素から電気をつくる燃料電池などを使った分散型のエネルギーシステムを運用するためにも蓄電池が必要になる。停電したときも自立運転できるようにするためである。

小型の蓄電システムとしては、現在の自動車などに用いられている鉛蓄電池を用いたものが震

各種二次電池の比較

電池の種類	鉛蓄電池	ＮＡＳ電池	リチウム イオン電池	リチウム 空気電池
理論エネルギー密度	167W 時 / kg	786 W 時 / kg	583 W 時 / kg	11700 W 時 / kg
適用範囲	数 kW ～ 数 MW	数百 kW ～ 数 MW	数 kW ～ 1 MW	―

［リチウム空気電池以外のデータ：コスト研・新技術調査検討会，建築コスト研究，2010 WINTER，p. 72；リチウム空気電池：辰巳国昭，近畿大学工学部研究公開フォーラム 2010 発表資料，p. 48］

災前から販売されていた。重量が大きくスペースも必要だが、家屋の裏などに十分なスペースが確保できる場合には十分に利用できる。また、震災後、リチウムイオン電池を使った家庭用蓄電システムが家電メーカーなどから製品化された。電池容量で1キロワット時当たり40～50万円程度で販売されている。電力系統から充電するだけではなく、太陽光発電と組み合せて使えるものも商品化されている。リチウムイオン電池を利用した家庭用蓄電システムは2012年度に1キロワット時当たり10万円台での発売が予定されている。非常時、震災などひっ迫時は、家族3人の一般家庭で1日当たりの消費電力量は3キロワット時前後で乗り切ることも可能であるので、この程度の価格であれば普及が見込まれる。

電気自動車で使用したリチウムイオン電池は出力が7～8割程度に劣化しているが、蓄電用の二次電池としてはまだまだ出力は十分にあり使用できるため、これを自動車から回収して再利用するビジネスも計画されている。これによって、自動車用としては寿命がきたリチウムイオン電池を有効活用して自動車用の蓄電池のコストを低減することと、太陽光発電などの再生可能エネルギーからつくられた電力を低コストで蓄電するという、一石二鳥の仕組みづくりを目指している。

二次（充電式）電池として広く使われているリチウムイオン電池は、過電圧や低電圧に弱く、大容量化や製造コストの削減が課題である。このためさまざまな新しい原理の電池に関する研究開発が精力的に進められている。たとえば正極側に空気中の酸素を、負極側に金属を用いる空気電池は、原理的には電池容器の内側に正極のスペースが必要ないことになり、その分、負極用の金属を多く詰められるので、大きなエネルギー密度（電池容量）を期待できる。

ところで、エネルギーを電気のみに頼らず、ガス、灯油など、エネルギー供給源を多様化し、ベストミックス（最適な組合せ）を図ることも非常に重要である。ほかのエネルギー源を利用し、電力に対する依存度を下げることは、結果として利用するエネルギーの選択肢を広げることになるので、節電に大きく寄与する。また、多様なエネルギー源が手元にある環境では、電気がだめでもガスがある、などといった、災害時にも強いシステムとなることが期待できる。エネルギー源の多様化は、日本のエネルギーセキュリティを高め、防災上も役に立つのである。

●まとめ

・事業所、家庭などの小型蓄電設備もエネルギー供給の安定化に貢献できる。
・自動車用リチウムイオン電池を回収し、分散型の蓄電設備に利用。
・さらに高密度高出力の電池の開発が重要。

電気自動車（1）

普及のはじまった電気自動車

１９０８年にT型フォードが初の大量生産による大衆車として米国で発売されて以来、今世紀に至るまで、自動車のほとんどはガソリンなど化石資源から得られる液体燃料を内燃機関（エンジン）で燃焼し、これを動力に変換する移動体であった。

T型フォード発売から１００年を経て、２００９年６月４日に量産製造が開始された三菱自動車の電気自動車（ＥＶ）「i-ＭiＥＶ（アイ・ミーブ）」、２０１０年12月に米国で納車が始まった日産自動車の「リーフ（ＬＥＡＦ）」は、エンジンをもたず、車体に実装された蓄電池から供給される電気のみで動く形式のはじめての商用車である。

蓄電池としては、いずれもリチウムイオン二次電池を搭載している。アイ・ミーブでは、電池容量が10・５キロワット（kW）時と16キロワット時の２車種を販売している。走行距離は公表値でそれぞれ１２０キロメートル（km）、１８０キロメートルとなっている。家庭の１００ボルトのコンセントを用いて、空の状態からフル充電するには、それぞれ14時間、21時間かかる。リーフは24キロワット時の容量の蓄電池が搭載されており、走行距離２００キロメートルとしている。ただし、エアコンなど、走行以外に電力を消費する機器を使用すると、走行可能な距離は半分近くにまで短くなる。

電気自動車の諸元

メーカー	車名	車両重量	総電力量	走行距離
三菱自動車	i-MiEV M	1070 kg	10.5 kW 時	120 km
三菱自動車	i-MiEV G	1100 kg	16.0 kW 時	180 km
日産自動車	リーフ	1520 kg	24.0 kW 時	200 km

リチウムイオン二次電池は出力密度とエネルギー密度が大きくて、繰り返しの充放電でも劣化の少ないことから、重量の大きい自動車を快適に走らせることができるようになった。

電気自動車が注目されるのは、二酸化炭素（CO_2）排出削減のための手法の有力候補と考えられているからである。また、燃料費が走行距離当たり1円程度と安い。電気自動車の発売が発表された2008年夏には、投機的な原油価格の上昇によってガソリン価格が急上昇したこともあり、消費者の人気を集めることになった。数十台のレベルではあるが、神奈川県、大阪府ではタクシーへの電気自動車の導入も2011年からはじまった。日本では、輸入に頼る化石資源から得られる液体燃料ではなく、再生可能エネルギーから得られる電力によって自動車を走らせることができるという期待もある。

しかし、従来の自動車と比べて走行距離が短いことや、1台当たり最大100万円の国のEV補助金制度を利用しても、実売価格が200万円近くするなど、まだまだ普及に向けての課題は多い。

ガソリン車に比べると走行距離が決して長くない電気自動車が普及するには、フル充電で丸1日走行することができるような都市圏における商用が今のところもっとも向いていると考えられる。電気自動車がさらに普及するには、各地に充電スタンドが配置されることが必要である。30分で80％程度にまで充電可能な急速充電用の機器も販売されているが、自動車本体に近い価格がする。日産と三菱自動車の販売店のほか、高速道路のサービスエリア、ガソリンスタンドや庁舎などの公共施設に設置が進められている。いずれも1カ所につき充電器が1台設置されている場所が多く、充電スタンドの数を増やすことを優先して配備が進められているようである。

一方で、２０１１年秋の観光地では、充電スタンドに電気自動車が並ぶこともあったようである。ガソリンと違って、急速充電器であっても30分程度はかかることから、数台並んでしまうと順番待ちはストレスになる。電気自動車が普及するに伴ってこうした難点は徐々に解消されることを期待したい。

●まとめ

・電気自動車は電池で動く自動車。
・1回の充電で走ることができる距離は、現実的には１００キロメートル程度。
・普及にはコスト低減とともに、充電器の整備が必要。

電気自動車（2）

電池装造の革新とコスト削減がカギ

電気自動車は走行時に二酸化炭素（CO_2）を排出しないとされる。しかし、動力源に使う電力の大部分は化石資源を燃焼してつくられ、搭載するリチウムイオン電池を製造・廃棄する際にもエネルギーを消費する。

（独）交通安全環境研究所の小鹿健一郎氏と新国哲也氏は最近、自動車用リチウムイオン電池の製造・廃棄時のCO_2排出量を調査した。この結果と電気自動車の走行に必要な電力量を用いて、走行距離に応じて発生する総CO_2量を計算した。同時に、走行距離が約7万キロメートル（km）に達すると電池の劣化に伴って1回の充電で走れる距離が約20％短くなり、利用者の約3割が電池交換を検討するとされる点も考慮した。

最近ガソリン車の燃費が急速に伸びており、自動車メーカー各社からガソリン1リットル（L）当たり30キロメートルに達する高燃費の自動車が続々と発売されている。そこで、彼らの計算結果をガソリン1リットル当たりの燃費15キロメートルと30キロメートルのガソリン自動車から排出される総CO_2量と比べてみた。電気自動車は、たしかに走行中のCO_2排出量は小さいが、電池の製造・廃棄時に多くのエネルギーを消費するため、燃費のよいガソリン車と比べて10万キロメートル走った時点で現在の電気自動車の総CO_2排出量が少ないとは必ずしもいえないことがわかる。

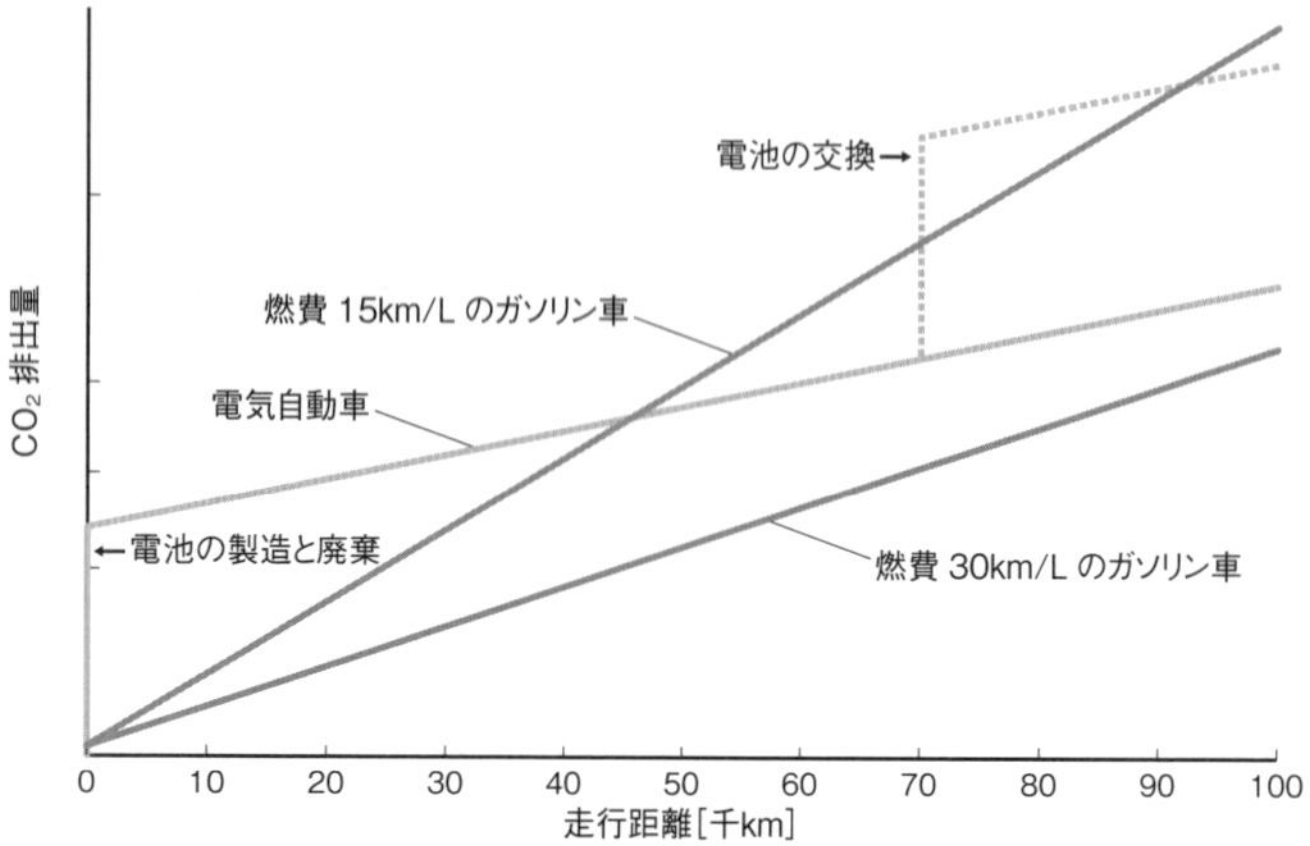

ガソリンエンジンで走る自動車と電気自動車の総 CO_2 排出量の比較
［交通安全環境研究所の電気自動車の CO_2 に関する研究データと、日本自動車研究所の温室効果ガス排出分析に関するデータを基に作成］

前項ではコスト削減が重要と述べたが、同時に、電池の製造と廃棄に必要なエネルギーを削減することはきわめて重要な課題である。

比較的大型の蓄電池を搭載し、内燃機関（エンジン）と大型の蓄電池を動力源として併用する自動車をハイブリッド車（ＨＶ）という。トヨタの「プリウス（ＰＲＩＵＳ）」、ホンダの「インサイト（ＩＮＳＩＧＨＴ）」などである。電気をエアコンなどにも使うため走行距離が公表値より短くなる電気自動車の欠点を補うことができる。搭載する電池容量が電気自動車と比べて小さいので電池の製造・廃棄に伴うCO_2の発生量は小さく、かつ燃費も良好であるため、10万キロメートル走行時における総CO_2の発生量は小さくなる。

家庭用のコンセントからバッテリーに充

電できる形式のＨＶをプラグインハイブリッド車（ＰＨＶ）と呼ぶ。トヨタ自動車はＰＨＶを２０１２年1月に一般向けに発売した。搭載されるリチウムイオン電池は４・４キロワット（kW）時と電気自動車より小さいが、電気自動車として24キロメートル走ることができ、都会の日常生活用としては十分な走行距離をもっている。電池を使いきったあとＨＶとして走行する。電気自動車、ＨＶ両者を総合して燃費に換算すると1リットル当たり60キロメートルに届くとされている。ＰＨＶは動力源にガソリンと電気を両方もち、かつ既存の電力供給網と電力をやり取りできる可能性のある新世代の車である。

ＰＨＶのもつ４・４キロワット時の電池は、災害時に一家庭の１日の電力を賄うことができる量であり、ＰＨＶを家庭の蓄電池としても利用することが可能である。また、電力網からの電気の供給が断たれても、ガソリンさえあれば問題なく走行できる。したがって、災害にも強い地域共生型（分散型）社会の形成に役立つと期待できるし、ＰＨＶがあればそのほかに蓄電池を各家庭で備えておく必要はほとんどない。

ＰＨＶのガソリンエンジンを燃料電池と置き換えることができれば、さらに燃費を向上させた自動車とすることができる。また、燃料電池を搭載したＰＨＶは自ら発電することができる車である。こうした車が実現すれば、家庭への電力供給などにさらに貢献することができるだろう。21世紀には自動車の移動体としてばかりでなく、地域社会の形成に積極的にかかわるツールとしての役割を与えられることになりそうである。

●まとめ

・電気自動車の普及には電池の製造技術の革新、コストダウンが必須。
・高燃費のガソリン自動車はCO_2削減に役立つ。
・プラグインハイブリッド車は、防災にも役立つ自動車として期待できる。

災害に強くエネルギーを上手に利用する社会へ

コプロダクションと企業間連携

コプロダクション（エネルギー・物質併産）システムは、コジェネレーションシステムが燃料から電力と熱を併産するのに対して、原料物質から製品とエネルギーを同時に生産しようとするものである。この言葉は10年以上前に米国において、石炭を石油のように火力発電の燃料と化学製品などの原料に併用することで高い付加価値を生み出すシステムとして使用された。我が国では東京大学生産技術研究所の堤敦司教授が、物質とエネルギーを併産することにより燃焼で生まれる熱エネルギーを効果的に利用し、革新的な省エネルギーを達成するシステムとして最初に提唱した。今日では一般的にエネルギーと製品を同時に生産するという意味で、その概念が普及しつつある。

この概念の導入は、近年注目されている省エネ・省資源型の生産システムとしての企業間連携の促進に資するものと考えられている。図1にコプロダクションによる連携モデルの一例を示す。複数の工場や産業を含むコンビナート内で共通する電力、蒸気などのエネルギーユーティリティ、燃料、水素や酸素、半製品、そして廃棄物などネットワーク化可能なアイテム（図に示すようにレイヤー（層）と呼ぶこともある）を定量化し、これらのネットワークから物質やエネルギーを受けて精製・変換し、ほかのネットワークに供給する機能をもつプロセスを「コプロプロセス」としてその導入による全体システムの最適化が期待できる。ねらいは既存設備を生かし新規設備投資をでき

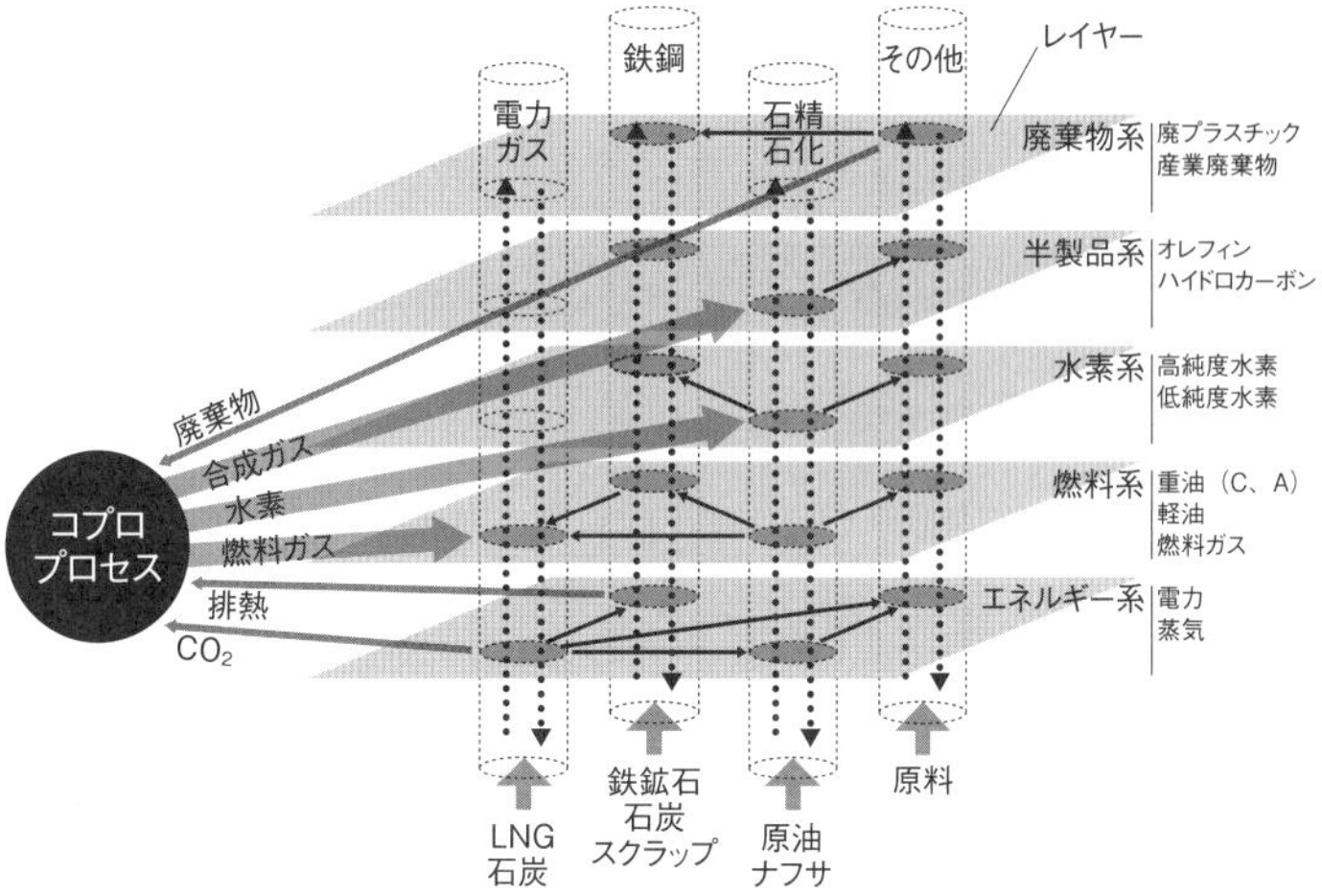

図１　コプロダクション連携モデル

るだけ抑制した高効率システムの構築である。具体的な「コプロプロセス」としては熱と反応物を併産するガス化炉、ヒートポンプなどの昇温技術、膜を用いた分離・濃縮技術などがあげられる。コプロプロセスを必要としない場合もある。コプロダクションによる低品位物質の高品位物質とエネルギーへの変換を工場内からコンビナート内へと境界を広げ要求スペックの異なるシステムに適用するには、可能な限り余剰熱（排熱）や燃料を有効利用することが重要となる。

またコプロダクションは、製品とともに発生する副生成物の再利用と排熱（化石資源やバイオマス資源の燃焼による発電では基本的に排熱が発生する）の再利用が結びつくことで図２に示すような合理的な生産プロセスを構築できる。この際、重要となるのがカスケード利用

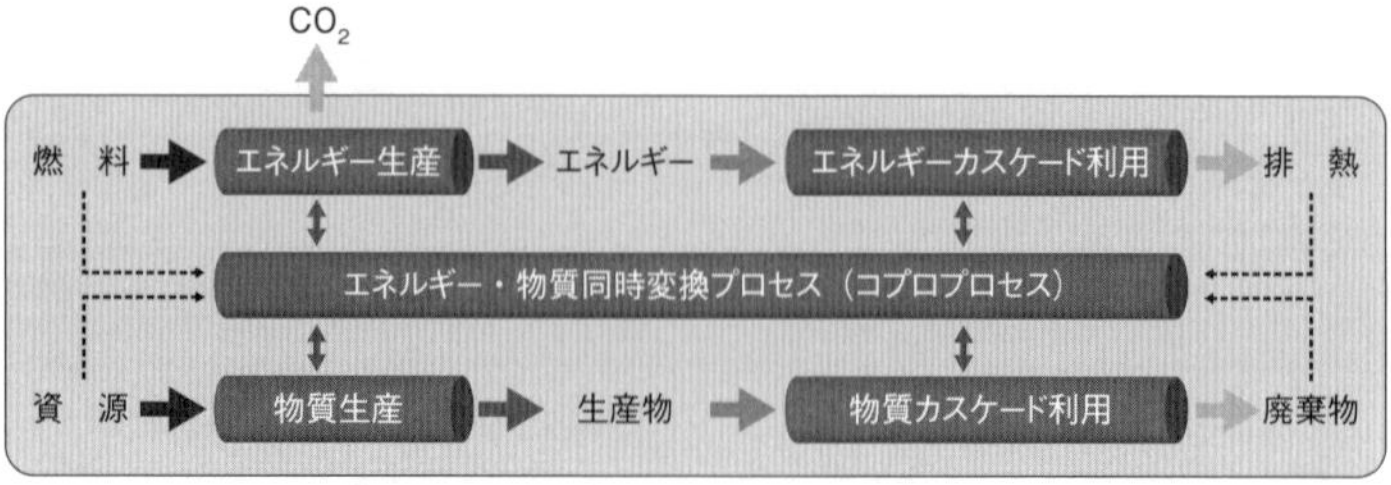

図2　コプロダクションとエネルギー・物質のカスケード利用

という考え方である。カスケード利用とは、熱や物質を一度使って排熱や廃棄物を出すのではなく、使うことで質の低下した熱や物質を別の加熱源や燃料、生産物の原料として使い回し、多段階（カスケード）に利用することである。簡単な例として湯たんぽを使った翌朝、温度の低下したお湯を洗面に利用することは熱のカスケード利用である。また、お風呂の残り湯を洗濯に使う、あるいは拭き掃除に使えば水のカスケード利用となる。このような利用が可能なのは、湯たんぽのお湯は翌朝に温度（熱の質）が低下しても洗面には十分であり、残り湯は洗濯には十分な水質であることがわかっているからである。

前記のように、企業間連携では、一つの典型例として各産業で不要となった物質やエネルギーを、ほかの企業で利用することにより目的を達成しようとするスキームがある。これを検討する際、現実にはある生産プロセスでは不要となった一つの物質に対して利用可能な箇所が複数あるのが一般的であり、どこに利用するかを決定するのは直感的には困難である。また、利用する側の濃度や温度が制約される場合、ほかの物質と混合することや、何らかの処理を施

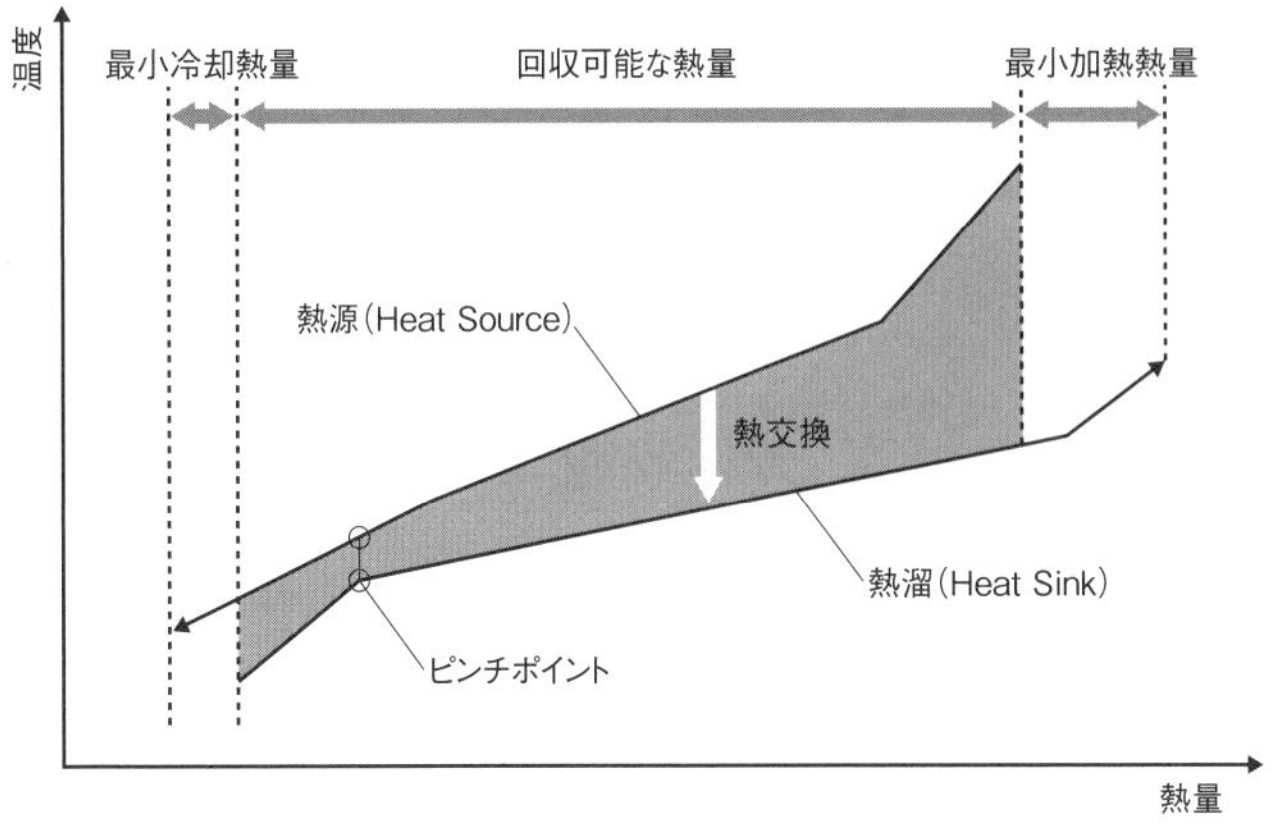

図３　熱ピンチテクノロジーのコンセプト
物質では横軸が物質量、縦軸が品質等になる。

すことで利用可能性が増大することも考えられる。このように、再利用法に関する適用範囲を拡大することで、より最適な連携構造が得られる。カスケード利用には、プロセスで変化する質と量の評価が必要であり、コプロダクション概念の生産プロセスへの適用においてもシステマティックな評価が不可欠となる。

これに関して、エネルギー（熱）のカスケード利用の評価技術はすでに「熱ピンチテクノロジー」として確立されている。この「熱ピンチテクノロジー」の基本的なコンセプトを図３に示す。ここで縦軸は温度、横軸は熱量を表す。この図上に熱力学に基づき、対象となるプロセス中の熱源（Heat Source：熱を放出できる物質や流体の、状態変化の総和）と熱溜（Heat Sink：熱を吸収できる物質や流体の、状態変化の総和）をそれぞれ一本の線として表現し、設定した最小接近温度まで近接させることで最大熱回収条件を見出すことである（2本の線のもっとも接近した部分を「ピンチポイント」と呼ぶ。「つまむ」の意味で「ピンチ解析法」の名前の所以である）。この解析手法は1970年代の基礎研究から、1990年代には工場全体の熱受給の解析手法として定着した。熱ピンチ解析法は比較的大規模な化学プラントの省エネ化を目的に我が国内外で広く普及している。このコンセプトを水に適用した解析法は「水ピンチ」という名称で知られている。図3と同様な図において、横軸に水量、縦軸に水の純度をとって、系内の水源（Source）と水利用先（Sink）のそれぞれの線図（複合線、コンポジットカーブと呼ぶ）がピンチになる位置関係を求めると、上下に重なった領域が水の再利用が可能な範囲であることがわかる。

水ピンチの場合は、実際には複数の不純物の取り扱いや配管上の制約条件、経済性などを加味した最適化を行う。水ピンチのように、横軸に「量」、縦軸に「質」を表すことができ、系内に Source と Sink（供給と需要）の関係が成立する問題であれば、ほかの物質でも同様の取り扱いが可能である。水以外で実用に供されている例としては「水素ピンチ」がある。また近年には鉄スクラップの再利用用問題の解析に「鉄ピンチ」として利用された例もある。これらを総称してここでは「物質ピンチテクノロジー」と呼ぶ。

水と水素の単一物質のカスケード利用に関して、この解析手法は広く実証されているが、複数の物質生産系や、エネルギー系と物質系を同時に取り扱う評価の試みは行われてこなかった。（独）産業技術総合研究所とシミュレーション・テクノロジー社（横浜市）は、コプロダクションのエネ

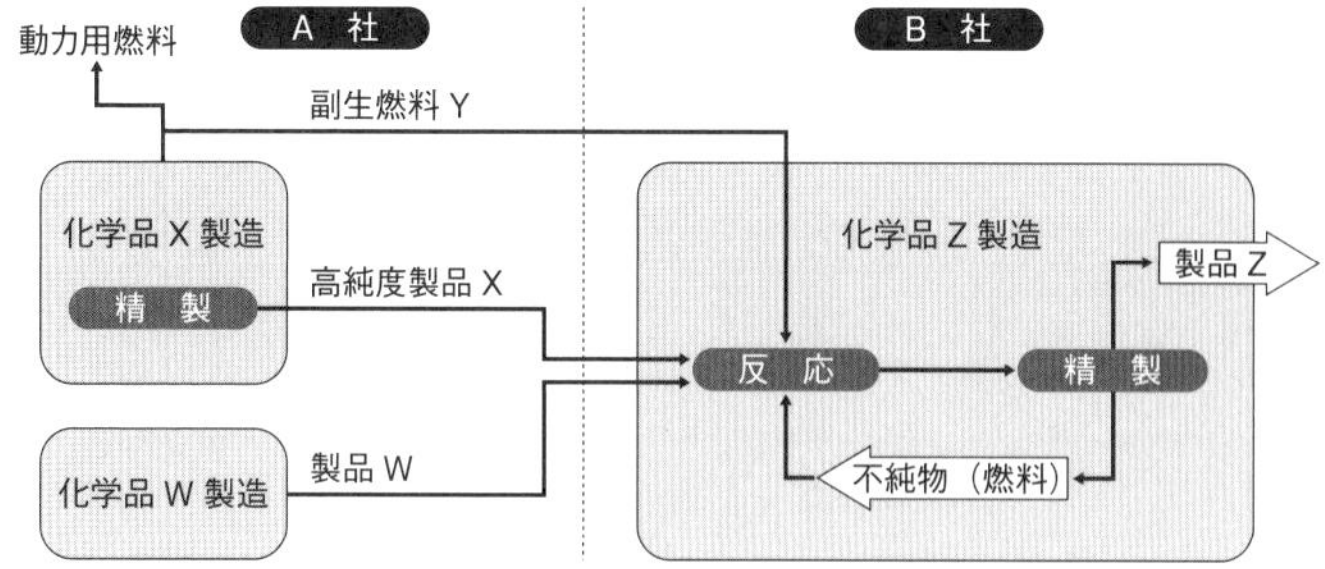

図４　現状の連携スキームの概要

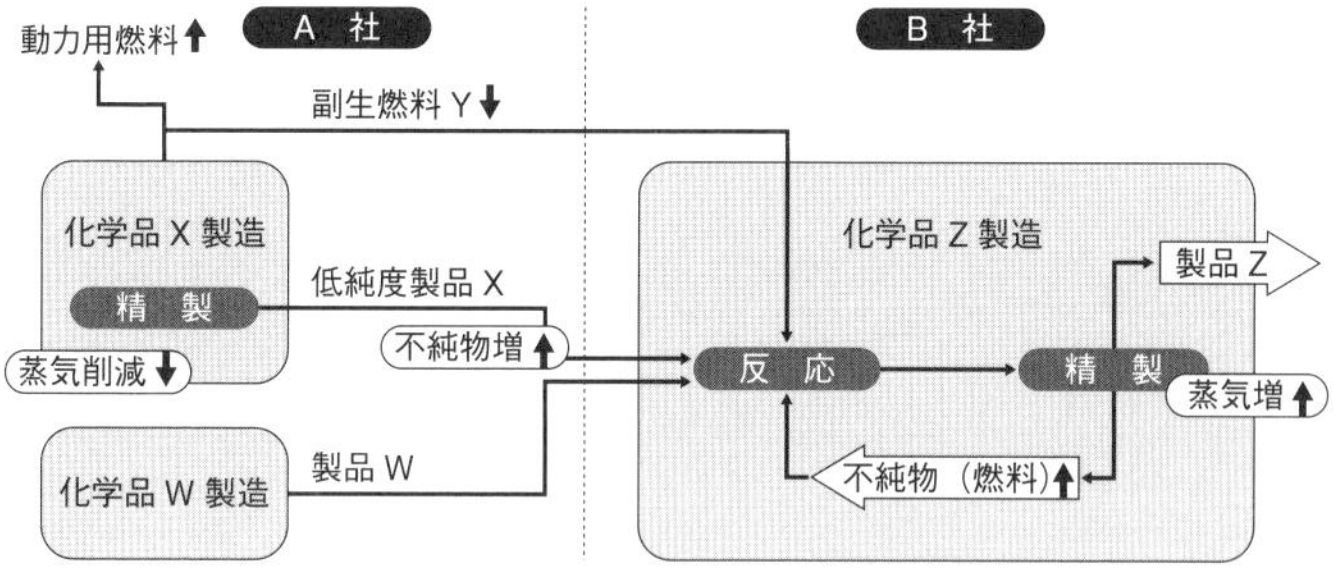

図５　改善後の連携スキームの概要

ルギー系と物質生産系それぞれのカスケード利用状況をピンチテクノロジーで把握し、両者を同時に最適化する手法（コプロダクションピンチテクノロジー解析あるいはコプロピンチ解析）を開発し、２０１１年より複数企業間に跨るシステムに対する実証を行っている。一例としてA社とB社の工場間連携案の省エネ性評価に適用した例を紹介する（図４および図５参照）。

　国内A社では製品W、XをB社に原料として提供している。B社では原料とともにA社から融通された副生燃料Yを使用して反応装置により製品Zを製造している。このケースを解析した結果、A社ではXの純度を下げることで精製に必要なエネルギー（蒸発）を削減する一方、B社ではZ中の不純物が増えるが、その後の精製より不純物を分離し、加熱用蒸気増に利用できることが明らかとなった。その結果A社からB社に供給しているYを減らすことができ、その分を発電、蒸気供給への燃料として大幅なコスト削減を達成できた。ここでのコプロピンチ解析の構成要素は電力、燃料、製品などになる。これらすべてを関連付けた一つのコプロピンチ問題として、全体のバランスを整合化した状態を維持しながら、さまざまな制約条件を満足しつつ、目的関数（この場合はエネルギー消費量）を最小化する条件を見出し、現状と改善後を比較した。省エネ評価としては、二つのプラントにおける2種類の燃料消費量、および動力システムにおけるボイラ燃料消費量の増減を集計した結果、原油量にして年間１５０００キロリットル以上を削減可能な省エネ効果があることが確認されている。

従来の熱ピンチによる省エネポテンシャルは経験上10％程度であり、その改善範囲は熱回収強化や蒸気レベル最適化、動力システムの小改造の範囲に止まるものである。コプロダクションの場合は、さらに大規模なプロセス改善や動力システムの抜本的改善および廃棄物や排熱のコプロ転換による有効利用など、そのおよぶ範囲は広範であるので、20％を超える省エネルギーが目標となる。コプロダクションと物質、エネルギーのカスケード利用による高効率システムの構築はようやく検討がはじまった段階である。このような概念の導入で複数企業間の連携を促進し、国際競争力の強化と環境対応を両立させる生産システムの確立が期待される。

●まとめ

・コンビナート全体など大規模で複雑なコプロダクションシステムのビジネスモデルが創出できる。
・汎用性のあるコプロプロセスの開発と普及が今後の課題。
・企業間連携による設備管理および運転管理の迅速な検討手法の確立も重要。

（本項目は同じ著者による「科学装置」２０１２年２月掲載記事に基づくものである。）

ヒートポンプ

ヒートポンプによる熱の有効利用

エネルギーの利用形態として電気と熱がある、電気に関しては大きな技術進歩があり、効率的な利用が進んでいるが、熱の利用に関しては不十分である。熱は貯蔵、輸送が困難であり、熱源側と熱利用側の条件の適合化など、電気に比べ利用に制約があるためである。しかし未利用熱の賦存量は大きく、その利活用は今後の省エネルギーにおいて重要である。熱の有効利用には熱の変換、貯蔵が必要であり、このためにヒートポンプ技術がある。

熱機関であるエンジンは高温の熱から動力を取り出し、低温の熱を排出する装置である。これに対し、動力を与えて低温の熱を回収し、高温の熱を発生させる装置がヒートポンプである。ヒートポンプの利用目的は熱の発生（暖房操作）と冷却（冷房操作）の二つがある。前者は外気中の熱または環境に排出されている低温の熱を回収し、高温の熱に変換して暖房、加熱などとして有効利用する。後者は低温の熱を回収して低温側の温度をさらに下げて冷房、冷凍を行う。ヒートポンプの分類を表に示す。

ヒートポンプの方式は現在、機械駆動式が主流である。これは電気で圧縮機を駆動させて作動媒体を圧縮し、低温の熱を回収して高温の熱を出力する。作動媒体にはアンモニアが優れており、産業用によく普及しているものの毒性がある。化学反応を起こしにくいフッ素系の媒体、とくに塩

ヒートポンプの分類

駆動方式	操作方式	媒　体	長　所	短　所
機械駆動	蒸気圧縮式	フッ素類、アンモニア、CO_2、空気	機動性がよく、小型、低価格。一般によく普及	電気消費型
熱駆動	吸収式	臭化リチウム／水	80～300 ℃で駆動、連続的冷熱	低コスト化が課題
	吸着式	ゼオライト／水	太陽熱や 50 ℃以上の低温熱が利用	装置の小型化が課題
	化学式	酸化マグネシウム／水	低温熱から 1000 ℃までの熱利用が可能	装置の小型化、反応耐久性が課題
電気駆動	ペルチェ式	ペルチェ素子半導体	構成が簡易で安定した運転が可能	冷却効率がほかより劣り、小型向けが主流

素、炭素、フッ素からなるクロロフルオロカーボン系が米国で開発されてから民生向けの冷凍・冷房装置の普及が進んだ。しかしフッ素によるオゾン層の破壊が明らかになり、１９８０年代にクロロフルオロカーボン系の利用が世界的に禁止された。これに伴いオゾン層破壊効果の小さい代替フッ素系冷媒の開発が進んできた。また、非フッ素系の冷媒開発も進んでいる。とくに二酸化炭素を使うヒートポンプが日本で実用化された。冷媒自体が安全で、環境にきわめて優しく、フッ素系で実現困難な１２０℃程度までの熱を発生できる。このため、住居用の冷暖房に加えて温水供給機能を有したヒートポンプとして普及している。また、媒体として空気の利用も進んでいる。

ヒートポンプの性能は利用できる熱量と投入電力量との比である成績係数（数値が大きいほど性能がよい）で表される。現在普及している機械駆動式で暖房、冷房の各成績係数はそれぞれ6・5程度である。暖房であれば1の電気量で6倍の暖房用温熱を供給できる。石油、ガスを用いた燃焼式ストーブは利用できる熱量と燃料熱量との比が1以下である。機械駆動式での電気はおよそ2・5倍の燃料を消費して製造されるので、利用できる熱量（6）と燃料熱量（2・5）との比は2・4である。よって、機械駆動式ヒートポンプは燃焼式ストーブより効率のよい暖房装置であり、今後も冷暖房装置として有用な技術である。機械駆動式ヒートポンプへの我が国の技術貢献は大きく、圧縮機、熱交換器の高効率化、送風時の騒音低減技術などで世界をリードしている。他方、冷房運転では、回収した室内の温熱を外気に放出する。都市部においで集中的に各戸で冷房運転を行うと外気温が局地的に上昇する。これがヒートアイランド現象である。この現象が起きる夏場では外気温がさらに上昇するため、冷房負荷もより高まり電力消費が増える。よって都市部ではなおさらに節度をもった冷房を各戸で行うことが重要になる。

機械駆動式は電気を必要とし電力供給網の電力負荷変動に大きな影響を与える。このため、熱だけで作動し、かつエネルギー効率が高い熱駆動式ヒートポンプの実用化と普及が望まれている。臭化リチウムの水への溶解熱を利用する吸収式は熱駆動型としてもっとも普及している。熱源としてガス燃焼熱のみならず最低で80℃程度の未利用熱が利用できる。大出力になるほど装置がコンパクトになり運転効率も向上する。このためビル、地域向けの中・大規模の冷熱発生装置に適している。吸着式はゼオライト、活性炭などが水蒸気を強く吸着する性質を利用したものである。水蒸気の吸着で発生する熱を温熱として利用できる。また同時に水が水蒸気に変化する際に熱を吸収し、冷熱が発生しこれを冷房に利用できる。近年ドイツなどヨーロッパで太陽熱利用型の冷房装置として吸着式が応用されている。水蒸気を吸着したゼオライトを太陽熱で乾燥させ、必要に応じて再びゼオライトに水蒸気を吸着させその際の水の蒸発熱で冷房を行う。機械式にくらべ機械駆動部が少なく維持が容易であり、また発生した冷水を室内のパネルに流通させて輻射冷房を行うため、対流（送風）が些少で運転時の静粛性が優れているなどが利点である。

化学式は酸化マグネシウムと水、塩化カルシウムと水、酸化カルシウムと水などの化学反応を使う。１０００℃までの高温の熱を蓄え、温度変換できる。化学式は反応条件を変えることで一つの系で種々の温度域に対応できる。とくに従来対応が困難であった２００℃以上のエンジン排熱、産業、太陽熱プロセスなどでの未利用熱の有効利用向けの新たな省エネルギー技術として研究されている。酸化マグネシウムは水蒸気と反応すると発熱し、水酸化マグネシウムになる。逆に水酸化マグネシウムに熱を与えると吸熱反応で水蒸気を放出し、酸化マグネシウムが再生する。エンジン排熱などの未利用熱を吸熱反応で貯蔵し、必要時に発熱反応で熱出力ができる。吸着式、化学式では固体反応材料を用いるため、熱交換速度が相対的に遅く、伝熱面積が大きくなるため装置が大型化する傾向がある。このため、化学材料開発とともに熱交換性能向上のための技術開発もあわせて必要である。

半導体の一種、電子冷却素子（ペルチェ素子）を利用した電気駆動方式は小型で安定した性能をもつ。高価で大容量化が困難なためコンピュータの中央演算処理装置の冷却や、小型冷蔵庫などに応用されている。

●まとめ

・機械駆動式においては寒冷地域で暖房駆動可能な装置の開発、さらなる成績係数向上が課題。
・熱駆動式においては機械駆動式と競合できる低コスト化、コンパクト化が重要。
・未利用熱の回収・有効利用システムの開発が必要。

自家発電による災害に強い仕組みづくり

東日本大震災後、東京の六本木ヒルズでは、周囲が停電してもエネルギー（電気と熱）の供給が止まらない自前の設備をもっていることが話題になった。

六本木ヒルズ森タワーの地下に、ガスタービンによる発電とその排熱を利用した地域冷暖房プラントが設置されており、六本木ヒルズ、グランドハイアット、テレビ朝日、マンションなど一帯の施設には、自家発電設備と熱供給設備から電気と熱が供給されている。この都市ガス（天然ガス）を燃料とする電気と熱のガスコジェネレーション設備は、最大電力出力3万8660キロワット（kW）、最大冷房能力240ギガジュール（GJ）毎時と大規模で、東日本大震災後2011年4月30日まで4000キロワット（一般家庭約1100世帯分）の電力が、東京電力に提供された。

電気と熱を併産・供給するコジェネレーションは防災上有用であるばかりでなく、両者を有効に利用することによって、エネルギーの利用効率を70～80％にまで高めることができるので、二酸化炭素（CO_2）排出量削減にも貢献することができるシステムである。発電の効率が20～40％であるのに対して、大規模な発電所では捨てていた熱エネルギー40～50％を利用することができるからである。

大震災の際には、都市ガスの供給が止まらなかったことが幸いした。管理運営する森ビルでは、

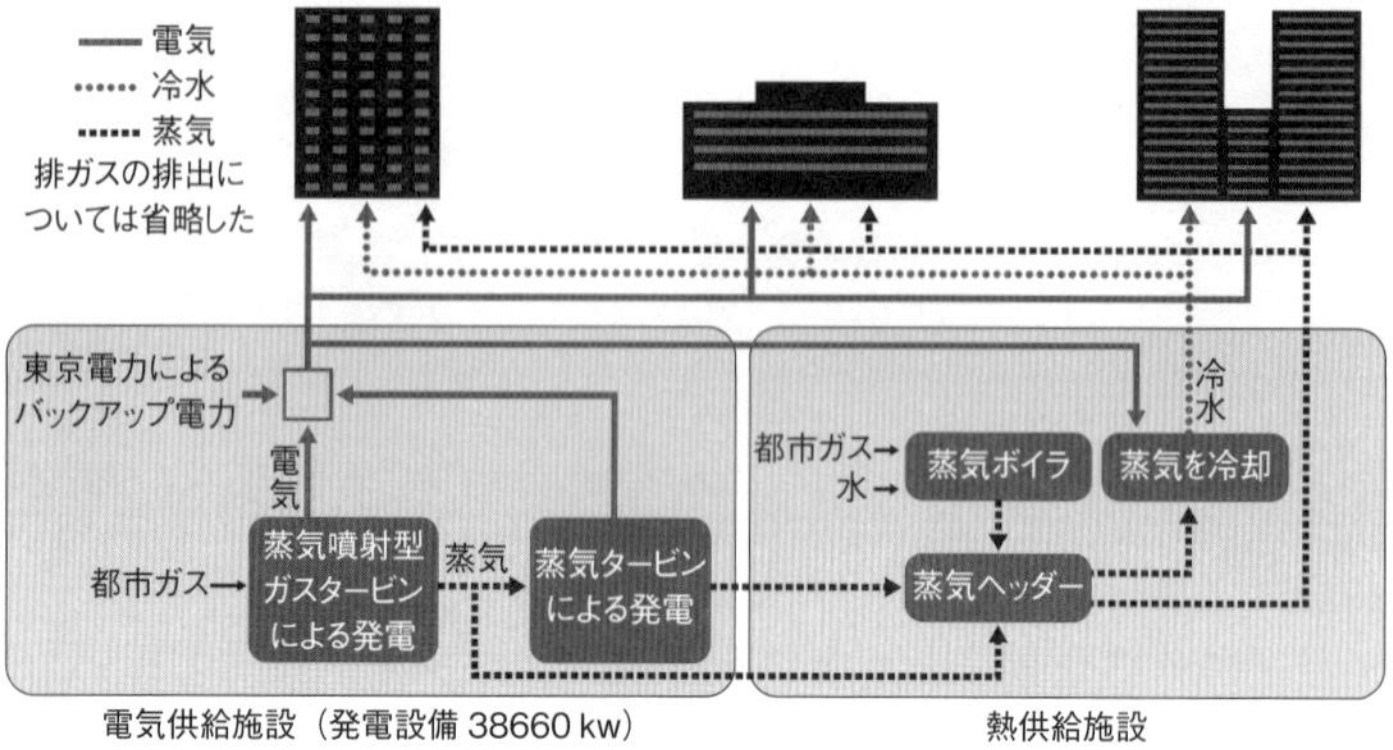

六本木ヒルズの熱電供給システム
［森ビル（株）ホームページ内の図を基に作成］

地震や災害時に逃げ出す街ではなく、防災に強い「逃げ込める」街づくりの基幹技術として、大規模で計画的なコジェネレーション設備は有効といっている。

コジェネレーション設備は、熱の電力の両方の需要がある埼玉スタジアムのような大規模なスポーツ施設、病院、ホテル、オフィスビルに導入され、広がりつつある。

六本木ヒルズの例ほど大規模ではないが、大震災後、産業界で自家発電設備導入の動きが広がっている。資源エネルギー庁の調べでは、日本全体で自家発電によって生産される電力のうち、売電済みは324万キロワット、売電可能な電力は128万キロワット、合計452万キロワット（原子力発電4基分）である。

一方、ホテル、病院、大型オフィスビル・マンション、大規模遊戯施設などには、ディーゼル発電機を用いた非常用発電機が、すでに設置されている。東京都、千葉県など自治体からは、中小企業向けに、非常用発電設備の導入費用の支援もなされている。

国も電力需給がひっ迫した場合に、非常用自家発電設備からの余剰電力が送電線側に供給されることを期待して、種々の規制緩和を行った。2011年6月1日には、内閣官房より、大気汚染防止法、騒音規制法、振動規制法、早朝・夜間操業の騒音振動規制、労働時間に関わる労使協定など、非常用電源としての発電機の運用に関わるさまざまな規制緩和が打ち出された。

ただし、非常用発電設備は一般に発電効率が低く、長時間運転には向かない。日本には、これら非常用設備を一斉に稼働しても、ディーゼル油の供給を行うだけの生産設備は備わっているが、ディーゼル油を継続的に非常用設備まで供給するようなサプライチェーンはない。非常用発電機による発電を、電力需要ピーク対策としての常用設備として織り込むには課題が多い。2012年に向けて、上記緩和策はいったん終息し、すぐに非常用電源を活用する動きはないようだが、今後の大災害など非常時において、こうした街中（まちなか）の電源を最大限活用する仕組みを整えておくことは重要なことである。

●まとめ

・大震災の際に六本木ヒルズのガスコジェネレーションは有効に機能。
・コジェネレーションは、熱と電力の両方の需要がある場合に高効率。
・非常時に非常用発電設備を有効に利用できる体制の整備を。

スマートグリッド（1）

電力システムの運用に消費者も参加

スマートグリッドは「次世代送電網」や「賢い送電網」などと訳され、将来に向けた電力系統の再構築を意味する。その目的は国や地域によりさまざまである。欧州では風力発電を中心とした再生可能エネルギーの普及に備えることがおもな目的であるし、米国では２００３年の北米大停電などの苦い経験から電力供給力の強化や信頼性の向上が重要課題である。日本では欧州同様に再生可能エネルギーの大規模な普及への対応がおもな狙いとされる。

キーワードは「分散」と「双方向」である。これまで、電気は消費量に合わせて電力会社が大規模発電所で発電し、送電線、配電線を通じて消費者のもとへ供給してきた。供給側と消費側とが明確に分けられ、電気の流れも一方通行であった。

しかし、すでにビルや工場にガスエンジンなどを使った自家発電設備を設置することは一般的になっており、住宅にも燃料電池や太陽光発電が普及してきた。これらの消費者側に設置された発電設備を、電力会社の発電設備が大規模で集中的に発電することと対比させ、「分散電源」と呼ぶ。電力系統工学的にも、地理的にも分散して設置され、管理と運用も電力会社の及ばない所で行われる。分散電源の普及とともに発電は電力会社の独占ではなくなってきた。

分散電源で発電した電気のうち、余った分は配電線を逆流して消費者から電力会社へ販売され

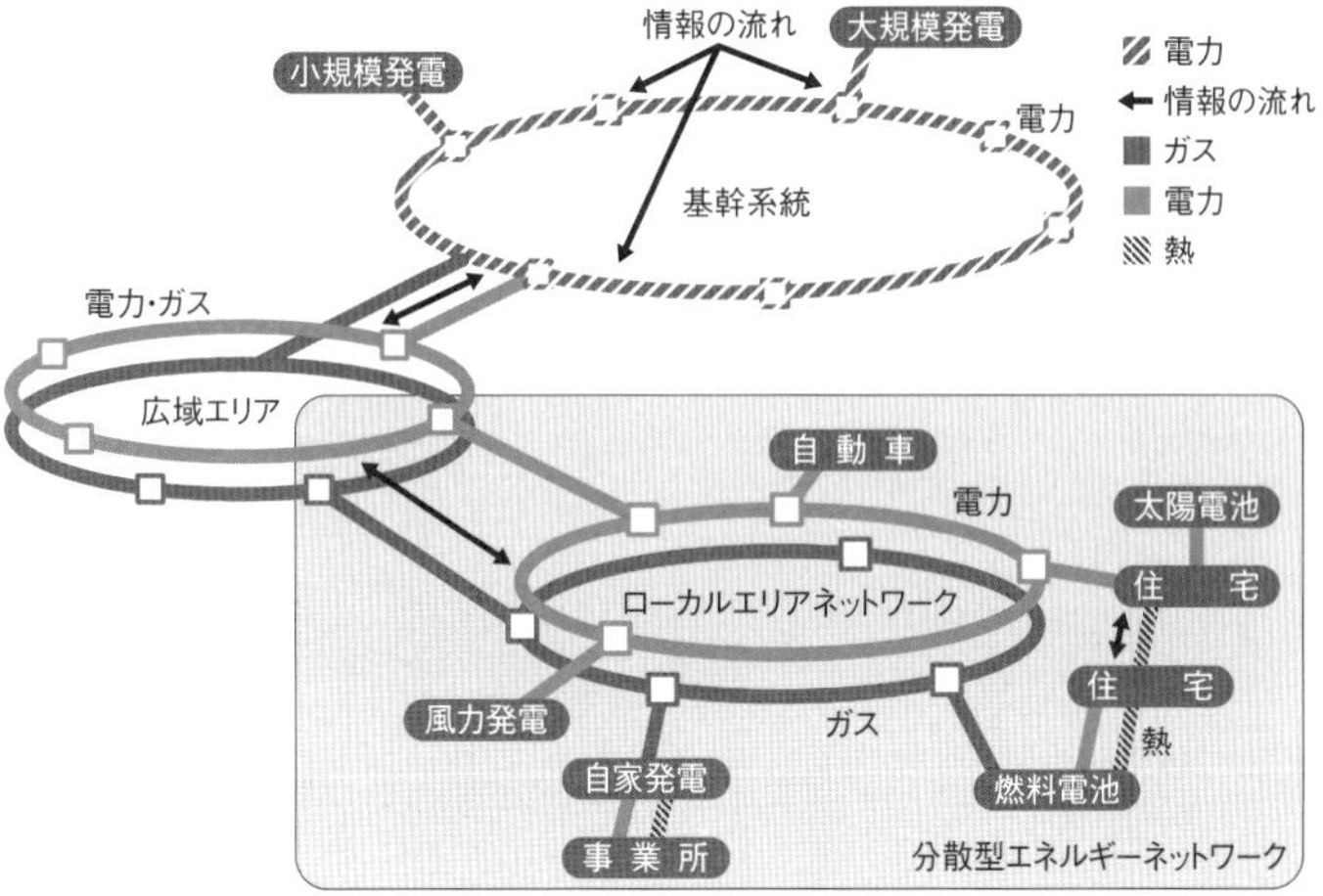

スマートグリッドのイメージ

る。つまり、電気の流れは一方通行から双方向となってくる。さらに情報通信技術を活用して供給側と消費側とが双方向通信で結ばれれば、両者が協力してより効率的な運用が期待できる。将来は、集中設置・管理される電力会社の発電設備と、分散設置される消費者の分散電源とが、電力システムにおいて協力して電力を賄っていくこととなる。

電気はためることができず、生産と消費とがつねに釣り合いがとれていなければならない。この需給バランスが崩れた瞬間、大規模な停電が発生する。したがって電力システムの運用において需給バランスの維持はもっとも重要である。需給バランスの状況は周波数に反映される。たとえば、発電量が消費量より多く電力が余りぎみのときは周波数が規定より高くなり、逆に電力が不足ぎみのときは周波数が下がる。時々刻々の需給バランス維持のほかに、電力消費が急に増えたときに備えて発電設備をスタンバイさせておく供給予備力の確保、供給電圧の調整などが電力系統の安定運用に必要とされ、アンシラリーサービスと呼ばれる。

電力会社はアンシラリーサービスのために、発電設備などさまざまな設備を保有・運用しており、多大なコストがかかっている。そのコストは最終的には電気料金に上乗せされて消費者が負担している。なお、電気事業の分割・自由化が進み、多くの電力が市場を通じて売買される国・地域では、アンシラリーサービスも電力と同様に市場を通じて調達可能である。

分散電源は、発電の際にエンジンの熱を暖房や給湯に利用したり、太陽エネルギーを利用したりすることで、エネルギーを節約でき、二酸化炭素の排出削減にも貢献するというメリットがある。その一方、デメリットとして電力システムの安定運用への影響の懸念がある。とくに、太陽光発電や風力発電など再生可能エネルギーは発電量を制御できないばかりか、晴れや曇りといった天候、吹いている風の状況次第で出力が大きく変化してしまう。そのため電力供給の一定割合を担うほどに普及が進むと、電力システム全体の需給バランスを乱してしまう恐れがあり、新たな対策が必要とされている。蓄電池で出力の変化を吸収するという対策もあるが、蓄電池は高価であるし、充放電による損失で数十％の電力が失われてしまう。結果として再生可能エネルギーのコストを押し上げてしまう。

電力システムの運用を電力会社だけに任せるのではなく、消費者も協力すれば、これらのコストを削減できる。たとえば、需給バランスを取るために、蓄電池を使ったり、効率が悪くなるのを承知で火力発電所の出力を調整したりする代わりに、最近普及が進んでいるエコキュートや冷蔵庫など家電製品の運転を調整して対応することも可能である。住宅一戸当たりでは大した効果はないが、街単位や大きなビルくらいの規模にまとまれば大きな貢献が期待できる。電力供給力に余裕がないときにはエアコンの設定温度を変えて電力消費を減らすという方法は従来から考案されており、米国でも実証試験が行われている。２０１１年の夏の経験をもとに、無理のない範囲で、またほかの手段と組み合せて行えるよう、より適切な方法を考えていく必要があるだろう。

供給側と消費側との協力を実現するためには、住宅やビルに設置された機器を制御する技術が必要である。住宅で家電製品などを管理制御するシステムとしてＨＥＭＳ（ホーム・エネルギー・マネジメント・システム）、ビルではＢＥＭＳ（ビルディング・エネルギー・マネジメント・システム）の普及が進められている。エコキュートやエアコンに調整機能を組み込むことも考えられるが、将来的には、住宅やビル全体で機器を統合的に制御し、電力システムとの協力もできるような、進化したエネルギーマネジメントシステムの実現を図っていくべきである。

機器の制御技術やエネルギーマネジメントシステムの開発に加えて、システムと電力システムとが情報を共有し調整を行うための通信技術・情報技術も必要となる。さらに、技術を社会導入するための仕組みづくり、たとえば、電力システムの安定運用に協力する消費者が協力に応じた対価を与えられる仕組みが必要である。電力会社と消費者との間に立って調整を行うといったビジネスモデルや市場の創出にも取り組んでいかねばならない。

スマートグリッド（2）

分散化で壊れにくいシステムへ

スマートグリッド（次世代送電網）では、通信技術や情報技術を活用してエネルギーの供給者と消費者が情報を共有し調整を行う。情報共有や調整という場合によくある誤解は、すべての情報を電力会社など一カ所に集約し、そこで管理するというものである。

たくさんの住宅やビルが個々に電力会社とやり取りをするのは現実的ではない。そこで、消費者は取りまとめ事業者と契約することが考えられる。事業者はたくさんの消費者を取りまとめ、電力系統の安定運用のためのアンシラリーサービスを、市場を通じて電力会社へ提供し、その対価を消費者へ還元する。こうした取りまとめを行う事業者を「アグリゲーター」と呼ぶ。

たとえば、次世代エネルギーシステムのモデル実証事業などでは、地域で特定の事業者が情報管理やエネルギーシステムの管理・制御を集中的かつ独占的に担うことを想定するケースが多い。しかしこれは唯一の方法ではない。それよりも、インターネットに接続する際のプロバイダを、消費者が自由に選択できるように、アグリゲーターについても複数の事業者のなかから選択できることが望ましい。

住宅やビルに分散設置されたエネルギーマネジメントシステムが、分散電源など機器を統合的に制御し、さまざまなアグリゲーターを通じて電力システムの安定運用に貢献する。このように分散

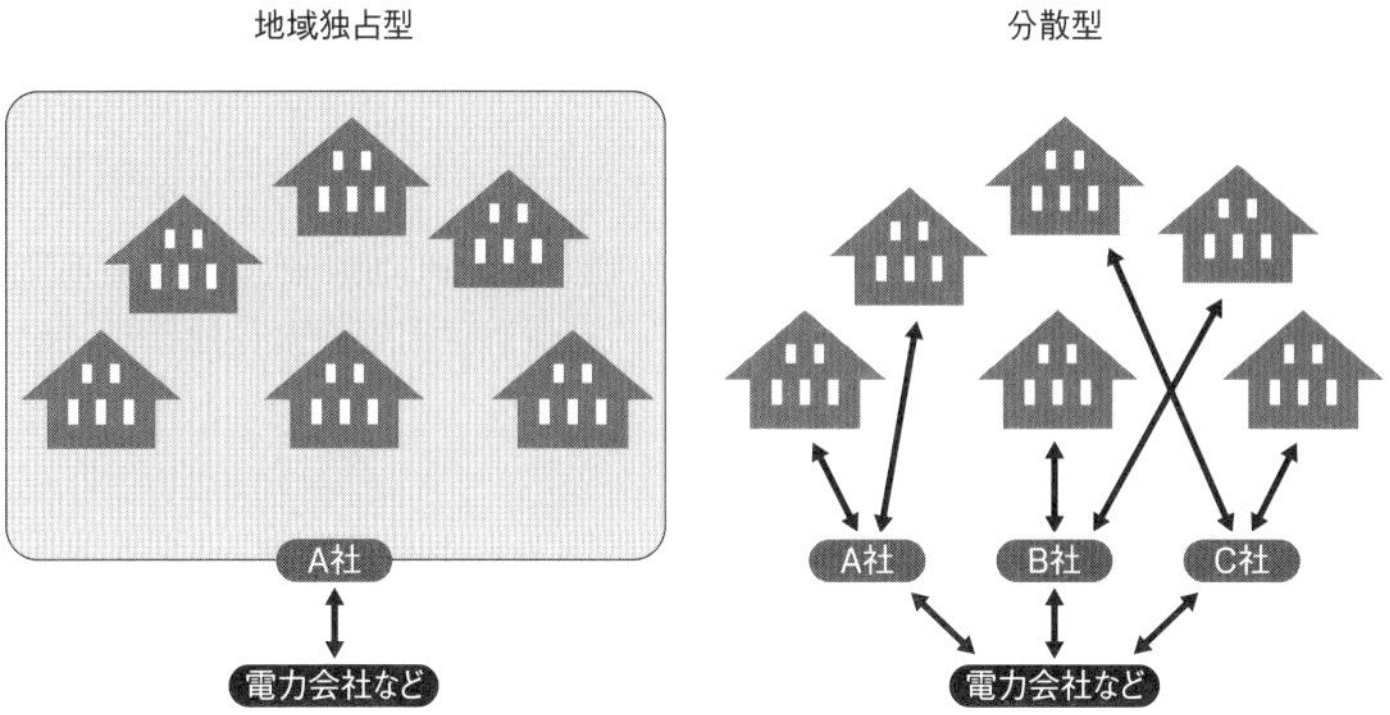

地域における情報管理・制御の形態

と集中とを組み合せることで互いのメリットを引き出すとともに、万一の場合にもシステム全体のダウンを防げる。

２０１１年3月に発生した東日本大震災に伴う電力不足では、東京電力管内で計画(輪番)停電が実施された。輪番停電が先進国で実施されるのはきわめて異例であった。実際に停電が実施されたのは10日間だったが、エネルギーの安定供給は人々の生活や経済活動に不可欠なものであると改めて認識された。自宅やその周辺が停電しているときに、自分の設置した自家発電設備や、普及が進んでいる太陽光発電をもっと活用できないものかと思った人も多いはずだ。現時点では、家庭用燃料電池は安全性を考慮して停電を検知すると自動的に停止する。一方、太陽光発電はブレーカーを手動で操作すれば停電時でも利用できる。晴れている昼間に限られ、電気も不安定なので精密機器に使うには不安が残るが、わずかでも電気が使えるのは助かっただろう。

こういった経験から、今後は、震災や電力不足といった異常事態でも、できる限り電気が使えるような頑丈さ（ロバスト性）も要求されていくことになろう。電気だけに頼るのではなく都市ガスや灯油といった複数のエネルギーの併用も考慮されるべきであろうし、ガスエンジンや燃料電池といった発電設備の導入も重要な選択肢である。太陽光発電は燃料が不要というメリットがあり、小規模な蓄電池と組み合せれば昼の発電分を夜間の照明などに利用できる。電気自動車やプラグインハイブリッド車の蓄電池を利用できるようになれば、災害時の利用の可能性も広がる。重要なことは、一つがダメになっても代替策が用意できるようにしておくことである。もちろん、個人や個々の家庭単位で万全というのが難しければ、自治体といった単位で対応できるということでもよい。

個々の機器や制御技術を組み合せて、普段は省エネを意識して効率よく運用され、災害発生時や電力供給が制限されたときにも、状況に応じてできる限り電気が使えるようなシステムが望ましい。２０１１年の夏のように電力供給が不足した場合、需要度の低い機器を停止したり、エアコンの出力を下げたりして電力消費を抑制する一方、限られた電気を医療機器など重要度の高い機器に優先的に供給する。万一、災害が発生した際には、その場にいる人々が自分たちでブレーカーや機器を操作して電気を確保することも考えなくてはいけない。とくに、防災拠点や病院といった重要度の高い施設、医療機器を使用している個人宅などを中心に検討を進めていくべきである。

分散電源は分散しているため、一部が壊れても残りが機能し続けられ、本来、ロバスト性が高い。しかし、運用するための通信や制御が集中型のままでは、外部との通信が途絶えた時点で使えなくなってしまう。そこで、通信や制御についても、分散が必要である。ロバスト性の高いシステムを社会全体として実現していくためには、電源というハードだけでなく、管理・制御、通信も分散化を進めていくべきだろう。

最後に、スマートグリッドはエネルギーネットワーク技術、つまり再生可能エネルギーの大規模な導入を可能にしたり、システムを最適に運用してエネルギーを有効利用したりする技術である。エネルギーを生み出すことはできない。したがって、スマートグリッドが普及したとしても化石燃料や自然エネルギーといったエネルギー資源の必要性がなくなるわけではない。

●まとめ

・電力システムの安定運用に消費者が参加するための機器制御システムの開発が必要。
・安定運用への協力に応じた対価を消費者に与えられる仕組みづくりが重要。
・消費者をとりまとめる「アグリゲーター」ビジネスと市場の創出がカギ。
・分散電源を活用したロバスト性のあるエネルギーシステムの開発が必要。
・ロバスト性を高めるための分散制御の開発が必須。

将来のエネルギー需給予想

各電源を考慮したシナリオの分析

火力や原子力、水力、地熱、風力、太陽光、燃料電池といったエネルギー技術にはそれぞれ特徴がある。持続可能な社会に向けて将来のエネルギー需給をよりよい状態にするためには、新たなエネルギー技術を開発するだけでなく、各エネルギー技術の特徴を捉えて短所を補うような技術の組み合せを考えなければならない。家庭やオフィスなど個別の需要を満たす新技術の導入から国全体のエネルギー安全保障に至るまで、大局的であると同時に詳細な考察が必要である。分散型の電源の導入が進むに従って、地域規模でのエネルギー融通など、これまでにはない観点からエネルギー技術を組み合せて分析することも必要になってくる。現在、実装可能な状態にある技術の組合せだけでも、将来のエネルギー需給構造としては数えきれないほどの種類が存在し得るであろう。これらの可能性のなかから、東日本大震災後からの復旧期を経て、中長期的に将来のエネルギー需給がどうあるべきなのかを考えていかなければならない。

中長期のエネルギー需給を議論するには、将来のエネルギー需給における目標（ビジョン）を定めることが欠かせない。次に、その目標にたどりつくまでの技術開発や技術導入の経路（シナリオ）における二酸化炭素（CO_2）排出量、エネルギー価格、資源消費量といった指標の時系列的な推移を分析する。このように関連する技術やその前提条件、制約条件のシナリオを策定し、その

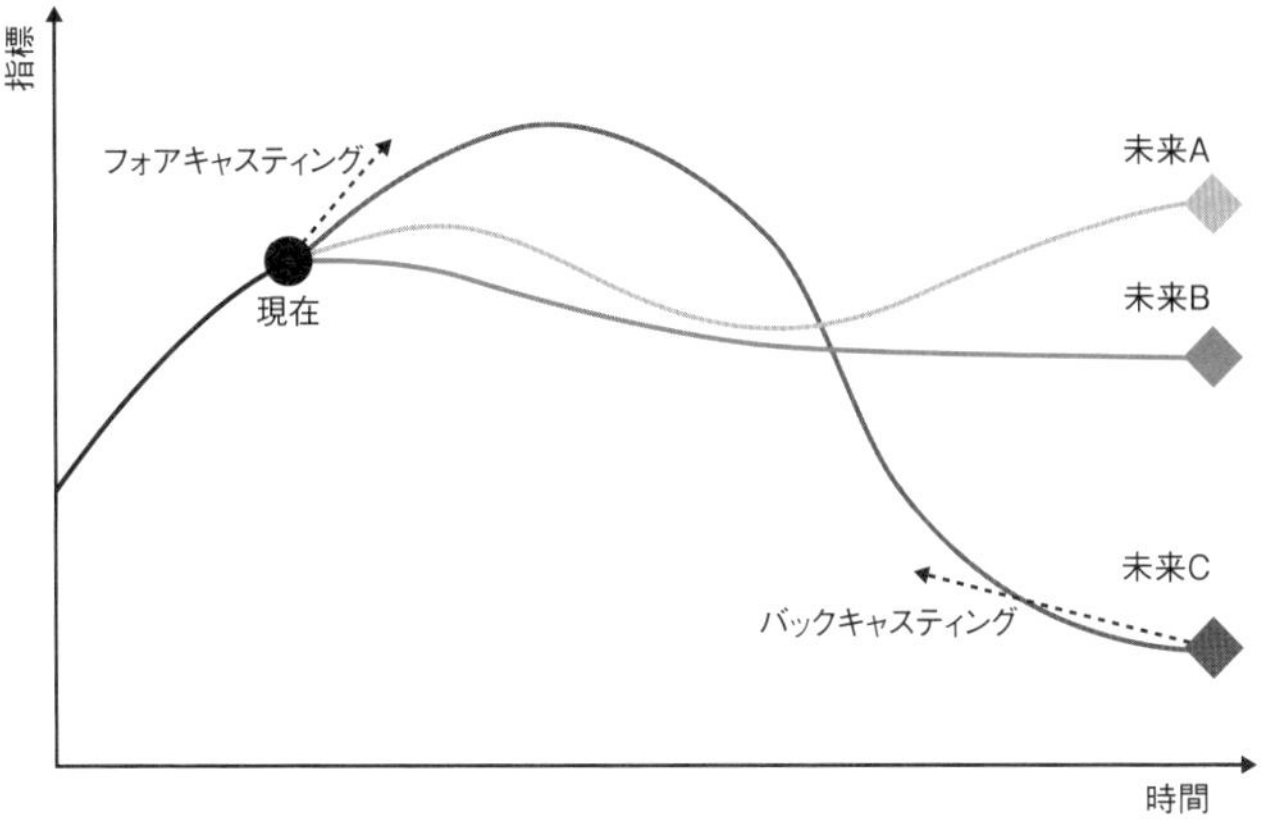

将来シナリオの解析における時間軸と評価指標の関係の概念図

評価指標としては二酸化炭素（CO_2）などの環境負荷物質の排出量やエネルギー価格、年間の資源消費量などが考えられる。現在から未来へつながる点線が、ある経路（シナリオ）で進んだときの評価指標の時系列的な推移となっている。ここで未来A、未来B、未来Cの位置を目標（ビジョン）とすることができる。

通りに将来へ進んだときの結果である評価指標の推移を分析することをシナリオ分析と呼ぶ。これには現状から未来へ進むとどうなるかを予測する「フォアキャスティング」、目標地点にたどりつくためにどうすればよいかを予測する「バックキャスティング」といった手法を用いる。図にシナリオ分析における評価指標の時系列的な変化を概念的に示す。シナリオ分析においては、設定したビジョンにたどりつくまでの経路を明らかにすることが重要である。たとえば図において低い評価指標を望む（例：CO_2排出量、エネルギー価格など）とすると、長期的には未来Cがもっとも望ましい状態といえる。しかし、短期的には評価指標は悪化することもわかる。短期的な指標の変化だけに着目すると未来

Aや未来Bにつながるシナリオを選択し得るが、長期的ビジョンに基づけば未来Cへの経路をたどることが望ましいことがわかる。このような将来の道筋をシナリオ分析によって明らかにすることが、将来のエネルギー需給を議論していくうえで重要である。

具体的には、たとえば、現在再稼働が困難となっている原子力発電の代わりとして石炭や液化天然ガス（LNG）といった化石燃料による火力発電を用いている。喫緊の対策としての火力発電ではあるが、これをこのまま稼働させ続けたとき、数年後までにどれぐらいの量の化石資源が必要になるのか、フォアキャスティングによって予測していくことができる。同時にCO_2排出量の変化も明らかにしていくことができるため、日本におけるエネルギー由来の温室効果ガス排出予測を行うことも可能となる。将来のどの時点までにどのような目標を達成するのかを考えたときには、たとえば、将来のある時点における再生可能エネルギーによる発電量の総電力使用量に対する割合を設定したとき、そこへたどりつくために現段階で製造・導入すべき再生可能エネルギーによる発電設備の規模を推定することができるようになる。

エネルギー需給のなかでとくに電力に関して、これまでの大規模な発電所からの電力供給から分散型の電源へと変化していくシナリオを考えるとき、発電技術以外にも考慮しなければならないことがでてくる。たとえば風力、太陽光などは、人間が意図的に操作できない自然現象に由来した出力になることが特徴である。燃料電池は熱に対する需要とのバランスで発電量が変化する特徴もあるため、電力だけでなく、給湯や厨房、暖房といった熱としてのエネルギー需要に影響を受けた出力となる。こういった分散型の電源を多く導入していくとき、電力を安定に供給する観点から将来シナリオを描くには、大規模発電技術との連携をするための制御技術に加え、蓄電池や蓄熱といったエネルギーを貯める技術や、スマートグリッド（次世代送電網）などのようにエネルギーを配ったり、エネルギーに関する情報を集めたりする技術などのように、直接エネルギーを生み出さないものの発電技術と組み合せることで有効になるエネルギー供給技術も考慮しなければならない。発電技術のみが導入されていったときと、こうした供給技術が同時に導入されていったときとで、どのようにエネルギー需給構造が変化するのかを適切に分析することが必要である。

エネルギー需給を考えるときには、安定して供給することだけでなく、温室効果ガスの削減やその他環境影響への配慮、資源の調達、エネルギー価格など、さまざまな課題に取り組まなければならない。すべての課題を一度に解決することは容易ではなく、当然ながら特定の技術だけで解決できる問題ではない。技術の組み合せによって、到達でき得る複数の在り得る未来を分析し、そのなかからもっとも望ましい未来とそこへたどりつくためのシナリオを選択していくことが必要である。

●まとめ

・エネルギー需給の将来シナリオ分析のための仕組みづくりが必要。
・エネルギー需給の将来シナリオを作成し、総合的かつ定量的な議論をすることが重要。

将来の目標設定

エネルギー需給の多面性と使う側の変化の考慮

将来のエネルギーをめぐる議論では原発の廃止や温暖化ガスの25％削減など、エネルギー需給の特定の側面のみを重要視した目標が掲げられることがある。よりよい将来シナリオを描くためにはコストや資源消費、供給安定性なども含めたエネルギー需給の多面性を考慮して、特定の側面に偏らない目標を立てなければならない。このとき、これらの多面性のなかでは、片方を重視するともう一方が悪化するトレードオフ（相反）の関係があることがある。たとえば、分散型の電源を多く導入したとき、制御技術や蓄電・蓄熱の技術を適切に導入していかない限り、供給安定性は悪化する可能性がある。再生可能エネルギーの大幅な増強は二酸化炭素（CO_2）排出量を削減し得るが、エネルギーコストを上昇させてしまう可能性がある。エネルギー需給の将来シナリオを描く作業は、このような複数の目的を同時に最適化する問題となるが、まずはエネルギー需給に関わる目的と、それら目的の間の関係がどのようになっているかを明確にすることが重要といえる。

図1にエネルギー技術に関わる製品のライフサイクルを示す。ここで製品のライフサイクルとは、原料の採掘から部品の製造、製品の製造、製品の使用、製品の廃棄と部品・素材のリサイクル、最終処分といった工程を合わせたものである。エネルギー需給の多面性を考えるとき、このライフサイクル全体における問題を考えなければならない。たとえば、エネルギー設備をつくるばか

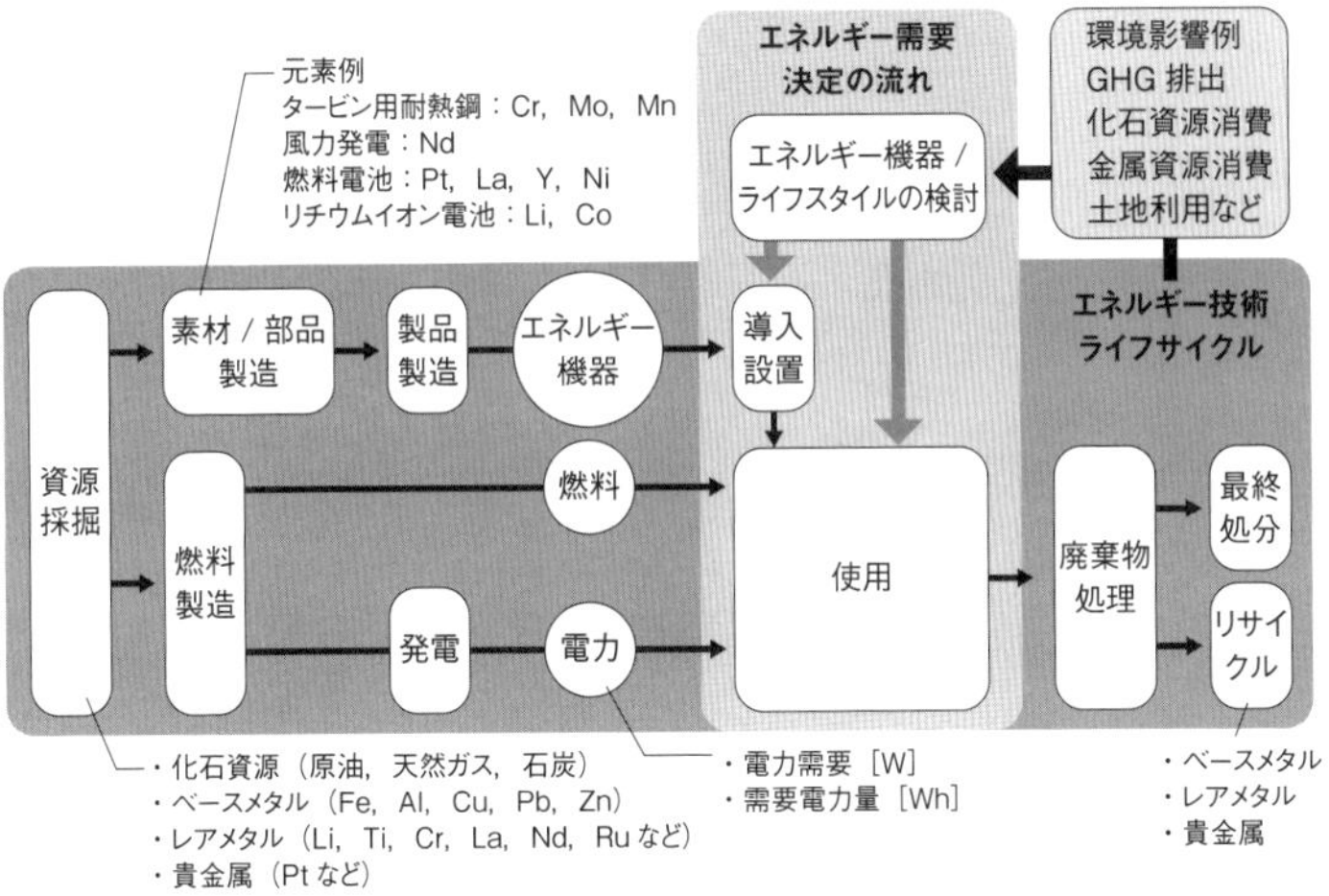

図１　エネルギー需給に関連するライフサイクル

元素記号はLi：リチウム、Al：アルミニウム、Ti：チタン、Cr：クロム、Mn：マンガン、Fe：鉄、Co：コバルト、Ni：ニッケル、Cu：銅、Zn：亜鉛、Y：イットリウム、Mo：モリブデン、Ru：ルテニウム、La：ランタン、Nd：ネオジム、Pt：白金、Pb：鉛

りでなく、捨てることも考えなければならない。太陽光や燃料電池といった新しい技術に対しては、それを廃棄物として回収し、有用な資源をリサイクルするための仕組みが整っていない。金属や稀少元素の回収と再利用など、持続可能なエネルギー需給のために必要なリサイクルシステムの開発が必要である。

エネルギーを使う側の需要の変化も同時に解析しなければならない。２０１１年の夏の電力需給構造は緊急事態における特殊なものだった。図２に２０１０年および２０１１年の１日の最高気温と最大電力需要の関係を示す。震災以降、供給力の不足や計画（輪番）停電による需要低下もあったが、２０１０年と比べて同じ最高気温の日でも明らかに電力需要

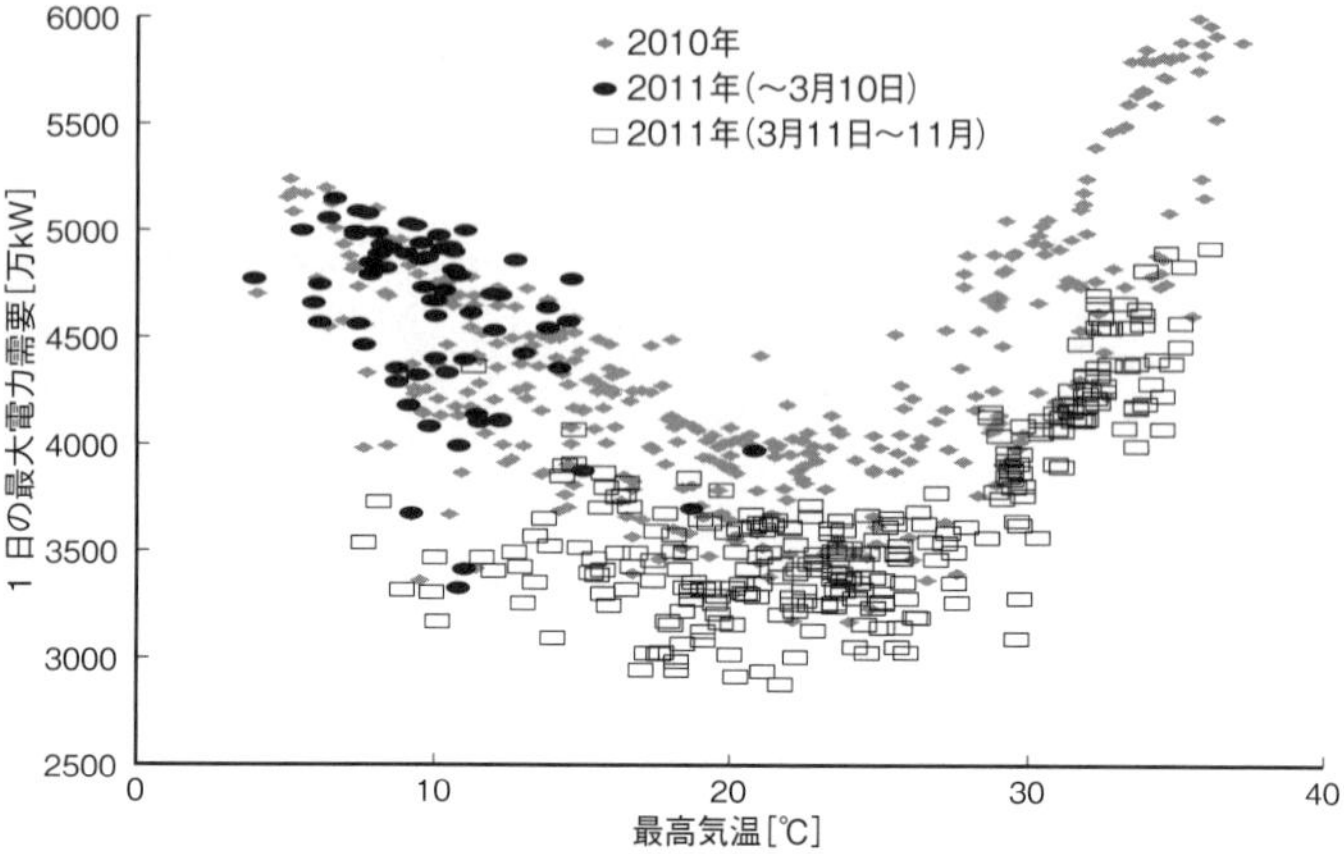

図２　東京電力管内における2010年および2011年の１日の最高気温と最大電力需要の関係

［東京電力、東京電力管内の電力使用実績 http://www.tepco.co.jp/forecast/index-j.html および気象庁、気象統計情報より作成］

が低く抑えられていることがわかる。実施された対策のなかには駅構内の照明の削減など、今後も継続できるものもあった。「無くてもよいエネルギー需要」の特定が有効であることを今回の経験で学んだのである。そのほかにも、低消費電力機器の率先した購入や待機電力の徹底した削減など、節電対策を新たなライフスタイルとしていくことでエネルギー需要は変化する。

東日本大震災後、電力会社から公開され、毎時更新される電力需要情報とでんき予報などは日々の生活や企業の生産計画に有効な情報となっていた。このような情報の「見える化」は、大規模な停電を避けることができるだけでなく、供給力に合わせて需要を調整することを考えるきっかけとなった。これまでの「需要に合わせた供給力の確保」から、「供給力に合わせた需要の調整」に移行することは、持続可能なエネルギー需給の形として期待できる。個別の需要の「見える化」も有効な情報となる。1カ月に一度エネルギー使用量と料金だけではなく、現在のエネルギー需要をリアルタイムに表示することで、節電行動の効果が把握できるようになる。

エネルギー需給構造にはさまざまな技術、資源、利害関係者が存在している。需要と供給のバランスが成立するために、多くの技術開発と資源調達、機器製造と廃棄・リサイクルが行われており、いわば「団体競技」といえる。東日本大震災に端を発したエネルギー危機は「使いたいときに使いたいだけ」、「湯水の如く」エネルギーを使用するという価値観は変えていかなければならないことを強く認識する結果となった。供給力に合わせた需要の調整、稀少資源の循環利用、地域レベルの創エネとエネルギー融通の計画立案など、さまざまな課題がある。多くの利害関係者が納得できるエネルギー需給の目標を策定し、エネルギー需給の多面性を考慮しながら社会全体で合意形成できる仕組みが必要である。

●まとめ

・エネルギー需給の多面性の理解が必要。
・供給力に合わせた需要の在り方に関する議論と対策が重要。
・家庭、地域レベルを巻きこんだエネルギー需給の多面性を議論する仕組みづくりが望ましい。

技術の未来予想図

将来への道筋を示す

これからのエネルギーのあり方を考える際には、技術だけでなくさまざまな要素も考慮しなければならない。地球温暖化や資源枯渇といった環境への影響、コストや産業構造といった経済への要因、災害耐性や健康影響といった暮らしへの影響などを考慮し、立地や政策・制度を社会的に決定すべきである。

さらに問題を複雑にするのは、それらが時間軸に沿って変化することだ。たとえば、確保すべきエネルギー供給量は、将来の人口変動や省エネルギー化の進展といった需要の動向に依存する。人口が減少し、省エネルギー化が進めば、原子力発電がなくとも十分に電力供給を賄える見込みがある。また、コストや環境への影響といった要因も、技術の進展等に伴い時間とともに変化する。

そのため、将来に対する見通しを得るとともに、これからのエネルギーのあり方を描くことは容易ではない。望ましい将来のエネルギーシステムの実現のためには、さまざまな技術の統合が必要となっており、俯瞰《ふかん》的な視野に立ち、戦略的なエネルギー政策を立案し、エネルギーシステムを設計することが強く求められる。将来のエネルギーシステムを支えるエネルギー技術を社会に導入し、普及させるためには、多様な技術の芽を生み出すための継続的な基礎研究に加えて、多くの技術の芽から有望な技術を選択し、集中的に資源を投じることが有効である。また、技術が将来通り

技術の未来予想図　将来への道筋を示す

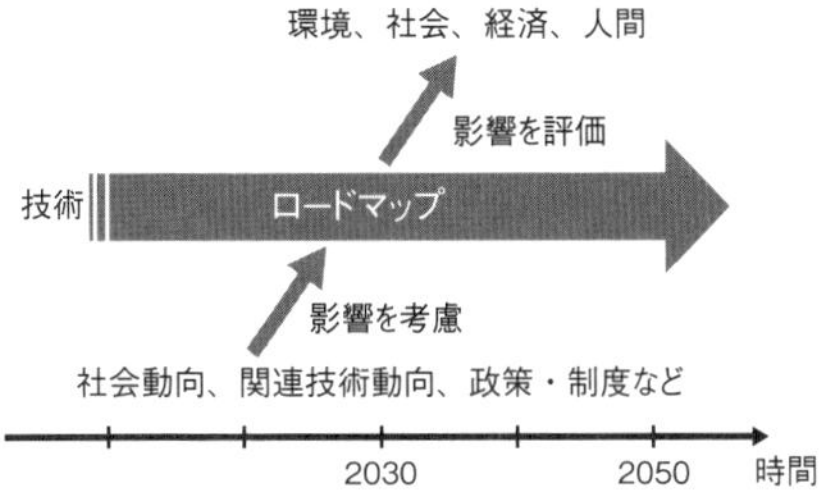

技術ロードマップ

得る道筋を明示化することで、必要な政策や制度の立案、環境・社会・経済・人的影響を予め評価することが可能となる（図参照）。このような目的のためには、技術の将来像をわかりやすく図式化し、技術の全体像とともに、今後の技術開発の方向性を示す技術の未来予想図（技術ロードマップ）を策定することが有効である。

技術ロードマップとは、「科学的根拠に基づいた技術の将来像に対する合意を時系列で表現したもの」と定義される。技術の将来像を提示し共有することで、関係者間の対話における共通の認識として機能することや、技術領域や産業部門を超えた協働を促すことが期待できる。また、有望な技術や目標を明示化することで、産業界や政府が投資を行う際の見取り図の役割を担うことができる。さらには、現状の技術の水準や理論的限界、将来技術の見通しや現実的な困難度を明示的に記述することで、技術の進歩の程度を把握することができるとともに、技術の大幅な改善や、新たな技術の探索に向けた研究者・技術者の挑戦心を刺激することが期待できる。

技術ロードマップにおいて重要なのは、記載される内容が「科学的根拠」に基づいた技術の「将来像」に対する「合意」であるということである。「科学的根拠」という表現には、将来のある時点での技術目標あるいは技術内容に言及するうえで、不確実性は避けがたいものではあるが、何らかの形での科学的な裏付けが必要であるという主張が込められている。また、「合意」という点については、技術ロードマップに含まれる内容は、さまざまな分野の研究者、エンジニア、事業者、政策立案者など、その策定に関与する者の間での共有できる認識でなければならないという主張が込められている。自由な発想に基づく独創性の高い研究は科学技術の発展のためになくてはならないものである。しかし、ロードマップの策定にあたっては、科学者が自説を独自に展開するのではなく、現時点で何が科学的に確かであるか、現在の最善の知識に基づくと、何がどの程度確からしいかを科学者の間で議論し、合意として、根拠とともに社会に提示することが重要なのである。加えて、「将来像」という語により、技術ロードマップが単なる技術予測や研究計画ではなく、ある種の意図を有するものであることが示されている。技術ロードマップの策定にあたっては、社会や関連技術、政策・制度等の多様な要因の将来動向を考慮する必要がある。将来の不確実性を考慮し分析を行うためには、蓋然性の高い将来予測結果に基づいた複数の想定し得るシナリオを設定し、そのシナリオのもとで有効な技術ロードマップや、必要となる政策や制度を議論することが有効である。しかし、技術ロードマップは、客観的な予測や、分析の前提条件として仮定されるシナリオとは異なり、複数のあり得る道筋のなかから選択するという意思が含まれる。不確実な将来の動向を予測するのは本質的に困難である。決定をしない決定というのもあり得る。しかし、それでもなお、我々は将来の世代のために新たなエネルギーのあり方を設計するとともに、実現へと至る道筋を示さなければならないことは変わらない。技術ロードマップは、未来は予測するものではなく、我々自身でつくるものだとの考え方に立っており、今後のエネルギーのあり方を議論する基礎となるものである。

東日本大震災を受け、政府が2010年6月に閣議決定した「エネルギー基本計画」は大幅な見直しを迫られている。また、我が国のエネルギー技術のロードマップにあたる「技術戦略マップ」についても見直しが始まっている。

技術ロードマップの策定に際しては、特定の技術の開発や導入を戦略的に促進することに加え、多様な技術を育くむことにも注意を払う必要がある。太陽光や風力発電、蓄電池、電気自動車などのエネルギー技術には一長一短があり、ほかの技術に対して圧倒的に優位な技術はない。したがって、特定の技術を排他的に選択することにはリスクが伴うからだ。また、一度策定した技術ロードマップを金科玉条のものとするのではなく、技術開発の動向や環境の変化に応じて、その妥当性を継続的に確認し、必要に応じて改訂を行う必要がある。

大震災以降の日本のエネルギーの動向は、国際社会からの関心も高い。エネルギー供給の安定性や災害耐性、経済や環境への影響評価も考慮した信頼性の高い技術ロードマップを産官学民が一体となって策定し、国際的に発信していくことが望まれる。

技術の未来予想図を描く

科学的根拠に基づいた合意を図る

技術の未来予想図（技術ロードマップ）を描く際に重要なことは、科学的根拠に基づいた合意を図ることである。そのためには広範な情報の分析に基づき、新たなシステムやそのために必要な制度等を設計し、広く合意を図ることが必要である（図）。

信頼性の高い技術ロードマップを策定するためには、潜在的なエネルギー供給可能量や資源賦存量、コスト構造や、関連して開発や解決が必要となる技術課題、インフラ、競合技術、さらには、技術が及ぼす環境、社会、経済影響等に関する信頼性の高い情報や分析が必要である。したがって、広範な領域の専門家の参画が必須であり、そのことによって、技術が内包するリスクや社会への影響等を加味し、技術が大規模に普及し得るかどうかを的確に評価したり客観的に議論したりすることができる。そのためには、分析の基盤となる信頼性の高いデータベースの整備や、学理に基づく分析手法の確立が必要である。

従来、技術ロードマップを描くプロセスは技術の専門家を中心に構成される委員会が担ってきた。しかし、科学技術振興機構研究開発戦略センター（ＪＳＴ／ＣＲＤＳ）の吉川弘之センター長が指摘しているように、委員が当該技術の専門家のみで構成されている場合、自らの専門の擁護者として論陣を張る場合がある。当該技術に対する明るい見通しを語る一方で、技術のもつリスクや

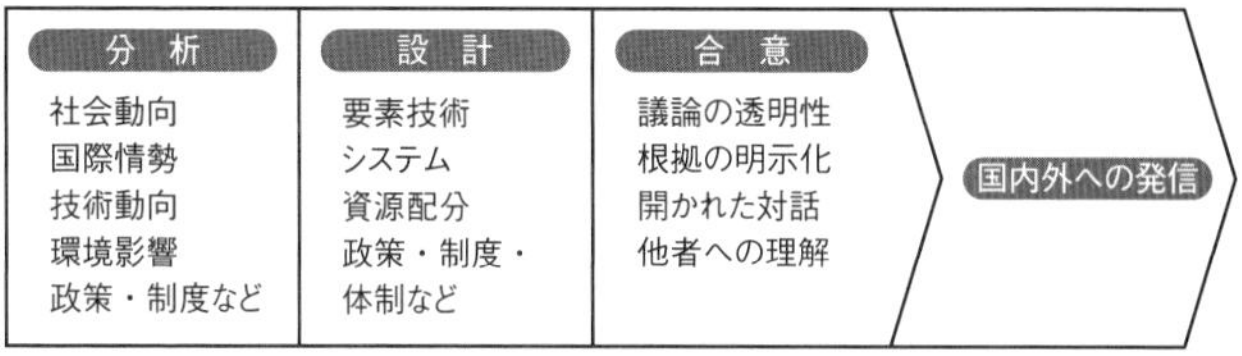

技術ロードマップの策定プロセス

社会への導入を阻害する要因は過少に表現される。一方、専門家を含まない場合、検討の内容は素人考えとなり価値を失う。議論は表面的かつ根拠を欠くものとなり、技術ロードマップは実質的な意味に乏しくなる。

専門家の参画は実現可能性・実行可能性の高い技術ロードマップの策定のために必須であるが、同時に専門家の専門性を正しく評価する必要がある。これまで、実質的に事前に内容が定められた技術ロードマップに対して、お墨付きを与えるために、学識経験者が策定プロセスに参加するということがしばしば行われてきた。しかし、今まさに求められている真に役立つ技術ロードマップを策定するためには、委員会に参加する学識経験者は専門的な知識の提供者として倫理的に行動すべきであり、委員会も学識経験者を権威づけのために利用するのではなく、関連するさまざまなデータや情報を収集し、深い知識に基づいた分析を行う専門家として積極的に活用すべきである。科学に関する中立的な助言組織や、科学者の役割の再定義が必要だ。

実現可能性の高い技術ロードマップの策定に必要となるのは、技術に関する優先度の選定と、技術の要素への分解、ほかの要素との関連付けである。

基礎研究の推進においては多様性や自由度の確保が重要であるものの、研究開発の効率化や技術的な優位性の確保のためには、技術間に優先順位をつけ、特定の技術を選定し開発を加速することが必要である。投入可能な資源は有限であるため、総花的に研究開発を進めるのではなく、自主的に開発を進める分野、他国等との共同開発を行う分野、技術導入を行う分野を切り分けることが必要である。

また対象となる技術を深く分析し、その技術を要素に分解することで、重要な技術要素を抽出すること、各要素が達成すべき目標値を定めることが容易になる。たとえば、国際半導体技術ロードマップでは、策定時点から15年後までを対象に、各技術要素に対して、各年において市場から要求されると考えられる特性を定量的に示してきた。また、目標とする特性値を達成するための技術的な難易度を同時に示すことで、技術の現状や将来見通しを提示するとともに、新たな技術の探索に向けた研究者の挑戦心を刺激する工夫がなされている。

さらに、策定した技術ロードマップに対し、必要な研究開発投資や実施体制を関連付けることで、技術の実現可能性を高めることが重要である。また、技術ロードマップをもとに、関連して研究開発が必要となる技術やインフラ、政策や制度を議論することで、技術ロードマップ中に示された技術の社会への実装可能性が高まるであろう。

以上の点に加え、技術ロードマップとは「技術の将来に関する合意」である点を考慮しなければならない。したがって、合意の内容だけでなく、合意のプロセスが重要となる。策定した技術ロードマップを機能させるためには、策定プロセスとともに技術ロードマップを社会に提示し、国民の合意を得ることこそが重要となる。

そこでは論理と論拠、情理が求められる。すなわち、中立的な議論と議論の透明性の確保、議論が立脚する科学的根拠の明示化、開かれた対話とその対話に基づく合意が必要である。エネルギーシステムの在り方が問われている今こそが、「今後数十年に渡り、どのようなエネルギー技術を活用し、エネルギーを上手に活用する社会を我々が築いていけるか」を左右する岐路であることを肝に銘じ、真摯に議論を尽くすべきときである。さらに、技術ロードマップを広く社会に提示する際には、その内容と意味、意義を説得力ある形で説明する情理や誠実な姿勢が必要となろう。

論理だけでは不十分である。たとえば、震災後の計画停電を回避するために複数の経済学者が、ピーク時間帯に価格を引き上げることで電力需要を抑制することを提案した。しかしそれらはしばしば価格弾力性に関する定量的なデータの提示を欠いていた。論理的には正しくとも論拠となるデータを提示できなければ説得力に乏しく、同意は得難くなる。

また技術ロードマップに対して広く社会の合意を形成するためには、技術ロードマップの内容と意味、意義を説得力ある形で説明する情理が必要である。情理を欠けば、同じく関係者間の同意は得られない。例として、原子力発電所を順次停止させるという場合を考える。原子力発電にまつわる議論は、「継続か廃止か」という極論や感情的な議論に陥りやすい、しかし、原子力発電所を停止したとしても、原子力発電所がなくなるわけではない。停止後数十年に渡り、廃炉のためだけに働く原子力技術者が必要となる。原子力発電廃止を訴える場合でも、廃炉のために一生を捧げる原子力技術者が、自らの技術や仕事に誇りをもって働けるよう，国民が敬意を払い、環境を整備していくことが必要であろう。

●まとめ

・実現可能性の高い技術ロードマップを策定するためには、科学的根拠に基づき、技術の優先度を評価し、開発の目標値を設定することが必要。
・多様な分野の専門家が参画することにより中立性を保ち、透明性が高い議論を通して、信頼性の高い技術ロードマップを策定し、社会に発信することが望まれる。
・専門家の言説の妥当性や論拠を正しく評価するために、科学に関する中立的な助言組織を充実させることが必要。
・技術ロードマップを策定する際に、技術のもつ環境・経済・社会への影響を予め評価するとともに、策定後も、技術開発の動向や環境の変化を把握することで技術を再評価し、必要に応じて改訂することにより、技術ロードマップがもつリスクを低減する努力が必要。
・策定したロードマップを機能させるためには、社会との開かれた対話とその対話に基づく合意が必須。

おわりに　エネルギーと仲良く暮らすためのモデルをつくろう

東日本大震災後の火力発電所の被災および福島第一原子力発電所の事故に伴い、２０１１年夏の電力供給に大きな不安が生じた。直後に実施された計画停電では電力を使う工場などが稼働できなくなり産業面で大きなダメージがあったほか、信号機が突然消えて町中が真っ暗になるなどして大きな社会不安を呼び起こすことになった。本書の著者らは、夏場にあのような計画停電が起きると、負の影響が一層深刻になると考えて、何とかそれを回避する方法はないかと、その対策を本書の冒頭で紹介したような提言にまとめて発表し、普及に懸命に努めてきた。

政府は電力の使用制限令を発令するとともに、大企業など大口の電力需要者のみならず、一般家庭にも強く節電を呼び掛けるなどの努力が効果として表れ、２０１１年夏の東京電力管内の最大需要は５５００万キロワットの予測に対して、実際には５０００万キロワットを下回り、計画停電はもちろんのこと、不測の大停電なども起こさずに乗り切ることができたのである。住民、企業全体が一体となって協力した「絆」の成果であり、「どうせ自分だけが節電してもあまり役に立たない」と思う人は少なく、日本人はいざという非常時に団結できる国民であることを示した。

さて、問題は今後である。電線は基本的には場所を選ばずにどこにでも簡単に引くことができ、コンセントを設置して差し込みさえすればすぐにエネルギーが得られるので、電気は非常に便利なエネルギーである。しかし，本書でもすでに述べたように、コンセントを差し込みさえすれば好きなときに好きなだけ電気を使える時代は終わったと考えたほうがよいのではないだろうか。東京電力管内にしても、過去には最大6500万キロワットの供給能力があったが、そのような時代はもうこないと考えたほうがよい。電力はためられないエネルギーであるため、最大需要を見越してどうしても過剰な設備を準備しがちである。1日当たりの電力需要は変わらなくても、電力需要ピークの削減と需要の平準化を行えば、設備容量を過大に準備せずにすむ。東京電力管内についていえば、たとえば5000万キロワットの発電能力を基準として考え、本書で述べたようなさまざまな技術革新、ライフスタイルと社会システムの変革を促すことによって、大震災以前とは異なる新しい活力ある社会をつくり出すことができるのではないだろうか。

当面は化石資源を燃料とする火力が電力供給の柱となることは間違いない。したがって、化石資源を原料とした火力発電による電力生産の高効率化は喫緊の課題である。関西方面には石油をそのまま燃焼する（原油の生炊き）発電所が複数残っており、石油の使い方として誠にもったいない。重質油を燃料とする場合にも、老朽火力と呼ばれる低効率の発電所がいまだに多く運用されている。これらは最新鋭の発電システムに換えられるべきである。天然ガスを燃料とする発電所も、最新の複合発電システムを導入することで高効率化できる。発電効率の向上は二酸化炭素発生量の削減にも大きく寄与する。

震災前のように経済の効率とコストの最適化を徹底して追求してきたエネルギーの供給インフラ

は、社会や個人の生活の「個別の勝手なニーズ」を満たすように整備されてきた。今後もこの状況が続くのだとすれば、大都市と地方の格差はますます拡大するばかりと思われる。豊かな自然と四季をもつ日本で暮らす幸福は、地方と大都市が共生することによりもたらされるのではないだろうか。

自然エネルギーの利活用、プラグインハイブリッド自動車、新しい蓄電装置の導入、スマートグリッド化に役立つ各種機器による電力需給の見える化など、新しいエネルギー技術の開発と、コストの低減は未来の社会を創るために重要である。電力会社の独占体制の解体や発送電分離などが議論されているが、これらエネルギー関連の新しい技術は、産業構造自体を大きく変化させるインパクトをもっている。また、勤務地の移転、労働の自由裁量化など電力需要の時空間シフトを目指す対策は，ライフスタイルの変化を伴う。

新しい科学技術とエネルギーを上手に利用するライフスタイルを適切に組み合せ、大都市が産み出した財を地方へと上手に分配することにより、地域共生型（分散型）の社会をつくり出すことが重要である。日本の風土を活かした持続可能な分散型社会と、それを支えるエネルギー供給体制をいかに構築するか、地方の再生、被災地の復興に向けて，日本は大きな岐路に立っている。

3・11の大震災は筆舌に尽くしがたい大きな傷跡を残し、復興への道筋もみえたとは言えない状況にある。しかし、だからこそ先進的なエネルギー技術・システムと社会システムを日本がつくり出し、21世紀の暮らしの日本モデルを世界に発信できるようになることを信じている。著者一同も、日本の未来を拓くエネルギー技術をつくりだすため、研究者・技術者としてそれぞれが役割を果たすべく今後とも研鑽を重ねたい。

本書は、日本経済新聞の経済教室で連載された「エネルギーと技術」を書籍用に加筆修正し再編集したものである。おおもとのきっかけとなったのは、2011年3月に行った公益社団法人化学工学会での「震災に伴う東日本エネルギー危機に関する緊急提言」の作成であった。緊急提言グループのメンバーをご紹介し、心からの謝意を表す。

古山通久（九州大学／カーボンニュートラル・エネルギー国際研究所）

梶川裕矢（東京大学）　加藤之貴（東京工業大学）　菊池康紀（東京大学）

窪田光宏（名古屋大学）　中垣隆雄（早稲田大学）　福島康裕（台湾国立成功大学）

藤岡恵子（株式会社ファンクショナル・フルイッド）　松方正彦（早稲田大学）

本書の企画が具体化できたのは、公益社団法人化学工学会事務局の戸澤洋一氏、宮坂好治氏のお力による。また、丸善出版の松野尾倫子さんには、遅れがちな筆者らの原稿執筆や校正作業に叱咤激励をいただき、短期間での出版にこぎつけることができた。どうもありがとうございました。

2012年1月

著者を代表して

松方　正彦

索　　引

● ページ数が斜体の用語は図表中の用語であることを示す。

さ　行

ま　行

や　行

ら　行

索　引

監修者・執筆者一覧

【監修者】

松方正彦 早稲田大学先進理工学部

古山通久 九州大学稲盛フロンティア研究センター／カーボンニュートラル・エネルギー国際研究所

【執筆者】

安芸裕久 産業技術総合研究所エネルギー技術研究部門

梶川裕矢 東京大学大学院工学系研究科

加藤之貴 東京工業大学原子炉工学研究所

菊池康紀 東京大学大学院工学系研究科

古山通久 九州大学稲盛フロンティア研究センター／カーボンニュートラル・エネルギー国際研究所

中岩　勝 産業技術総合研究所つくばセンター

中垣隆雄 早稲田大学創造理工学部

増田隆夫 北海道大学大学院工学研究院

松方正彦 早稲田大学先進理工学部

（2012年1月現在、五十音順）

公益社団法人　化学工学会
(The Society of Chemical Engineers, Japan)

1936年、化学機械協会として会員数162名にて設立、1956年に化学工学協会、1989年に化学工学会に改名し、さらに2011年に公益社団法人　化学工学会として現在に至る。
化学工学の学術的水準の進展を支え、人材を育成し、それらの成果を社会に還元するための中心的学会として活動することを目的とし、日頃より産・学・官の垣根を取り払い、お互いに切磋琢磨し協力できる場を提供している。また総合工学として、多くの関連学協会との連携を進めながら、化学工学をはじめとする広い範囲の産業分野の研究や技術の開発の推進に積極的に取り組み、環境と調和した高度産業社会の構築のために重要な役割を果たしている。現在は5センター・7支部・14部会にて活動。

ゼロから見直すエネルギー
節電、創エネからスマートグリッドまで

平成24年2月28日　発　行

編　者　公益社団法人 化学工学会 緊急提言委員会

発行者　池　田　和　博

発行所　丸善出版株式会社
〒101-0051 東京都千代田区神田神保町二丁目17番
編集：電話(03)3512-3262／FAX(03)3512-3272
営業：電話(03)3512-3256／FAX(03)3512-3270
http://pub.maruzen.co.jp/

組版・斉藤綾一　印刷・富士美術印刷株式会社
製本・株式会社 松岳社

ISBN 978-4-621-08513-4　C0050　Printed in Japan